SD選書 271

アーバニズムのいま

槇 文彦 著

鹿島出版会

序章

なぜ「アーバニズムのいま」なのか。

かつての都市、それは大都市も含めて、ある安定した住みわけによって都市としての秩序を維持してきた。もちろん戦争となれば一夜にして灰燼と帰すところも往々にしてあったが、それらもやがて元の姿に戻るのであった。したがって住みわけの領域においてそれぞれ働き、住むという集まりがいわゆるコミュニティを形成していた。

江戸は厳密な封建制度によって住みわけが維持されていたが、明治維新、近代化、そして人口の増大によって、その姿は内部から崩壊していったよい例であろう。

私は一九五〇年代初頭のニューヨークを知っている。そこにはチャイナタウン、イタリアンタウン、ユダヤ人街、それぞれ特色をもった人種による住みわけの地域が、貧富の住みわけ以外にもあった。

しかし周知のように、産業革命以後、都市に流入してくる新しい中産階級の出現、交通機関の発達、新しいさまざまな施設の登場によって、その生態を分析、認識する都市学も当然発展する。

アーバニズムという概念もそこで登場する。ウィキペディアによればシカゴ派社会学者のルイス・ワース（Louis Wirth）［1］がアーバニズムという言葉を広く世に知らしめた。彼によれば、アーバニズムは人間生態学、社会組織、社会心理学の三つの側面から捉えられるとするが、私はベッドタウン、郊外も含めた都市領域における人々の生活の様態を分析、研究していく学問、あるいは科学と了解している。

私は一九二八年、つまり九〇年前に生を享け、建築を志してから七〇年経つ。ちょうど一九五〇年から六〇年代は国際的にも建築家、評論家の誰もがアーバニズムに興味と関心をもち、第一章で述べるいわゆるアーバニズムの季節でもあった。それは私の建築家としての創生の期でもあったので、それならば建築家、アーバンデザイナーとしての自己史的な経験を踏まえながら、アーバニズムの過去、現在を振り返ってみようと意図したのがこの本である。自己史的な回想は現在も含めて、実際に見、聞き、討論してきた経験に限定されるので、より広い見解、認識には及ばないところがあることは了承願いたい。

第一章の南仏における Team X［2］の会合の報告で述べているように、第二次世界大戦で破壊されたヨーロッパの主要都市の内外に、いかに集合住宅を中心としたアーバニズムを展開していくかが多くの建築家たちの強い関心事の一つであった。日本でも建築事務所が中心となってニュータウンの建設が盛んであった

1　一八九七－一九五二、アメリカ人。主に都市的生活様式、すなわちアーバニズムを研究対象とした

2　ティーム・テン。一九五六年の第一〇回CIAMで、ヤコブ・B・バケマ、スミッソン夫妻ら若手建築家により結成された。建築と技術との成熟した関係を構築することを主眼に活動する。主催したミーティングは、一九七七年フランス・ボニューが最後となり一九八一年に解散

時期と重なる。田中角栄の日本列島改造論［3］では東大の丹下研、早大の吉阪研等にアイディアの提出が求められたそういう時代でもあったのだ。

しかしアーバニズムの季節は一九六八年のパリで起きた五月革命（May Revolution）［4］、ベトナム戦争、そして一連の大学紛争等を発端にして急速に終わりを告げ始める。なぜか。それはひと言でいえば既成の「権威」に対する懐疑、嫌悪であり、さまざまな形での民意の台頭のきっかけとなったと考えてよいのではないだろうか。

都市はかつての安定した個体ではなく、流体化しつつある。ベルリンの壁の崩壊、ソヴィエト連邦の消失は、資本の移動の自由化を招き、ネオリベラリズムの資本主義社会における台頭をいっそう強いものとした。そしていたるところで都市空間の公民性との間にさまざまな摩擦を引き起こし始める。特に新しい公民性の確保として、私はパワーアーキテクトに対する民兵組織とその数々の提案に注目している。

そしてこれは第三章の「私の都市、東京」のエッセイ「細粒都市東京とその将来像」の議論にもつながっていく。ここでオーストラリアの都市学者が示す日本の典型的な都市像として、高密度、高層化が進む広い道路網沿いの開発に対してその内側の密集地区を私は〝皮とあんこ〟と名付けた。民兵の活動の中心はこのあんこの部分にあり、そこがまた視覚的に東京の特徴を示している。この章では

3　一九七二年、田中角栄による日本の産業構造と地域構造を改良し、都市の過密と地方の過疎の解消を目的とした政策。これにより田中は総裁選に勝利して首相の座についたが、狂乱物価を招いた

4　パリを中心に学生、労働者、市民が一斉に蜂起した反政府運動

日本の都市のDNAともいえる静けさ、安全性に加えて、私の別のエッセイで述べているように、ヨーロッパの自然、国家、農村との対立から生まれた都市ではない。そこで日本特有の都市の特性のもつ曖昧性のプラスマイナスを認識する必要があるとしている。そして第四章では私の長い経験からヒューマニズムの建築がこれからのアーバニズムの支えであることをさまざまな観点から指摘している。

しかしそれはあくまで一個人の限定された見解にすぎない。

私としてはニューアーバニズムに対する本格的な研究が未来の世界の都市に必要であると考えている。しかし私に与えられた限られた時間の中で、それをいまから行うことは不可能である。もしも私が現在二〇代であれば、それを大きな課題として取り組むであろう。したがってこの仕事は次の若いジェネレーションに託すしかない。したがってこの本が、そうした目標に向かう若い読者に対して刺激になれば幸いであると考えている。

ただ、現行の都市の中でボランティアサービスによる自発的なミニプランニングの提案、また、人間は与えられた空間に対し、どのように振る舞うかというさまざまなケーススタディを国際的に集録した『皆のパタン・ランゲージ』の集成はいまでもすぐに行える適切な行動ではないかと考えている。

アーバニズムのいま　目次

第一章　アーバニズムの季節

モダニズムの建築との出会い

私は一九二八年の東京生まれである。その頃は現在の東京と異なって緑も深く、住宅もほとんどが木造住宅であり、その色彩は茶系統であった。したがって私が出会ったモダニズムの住宅はその白の色彩によって抜きんでていた。

《佐々木重雄邸》(一九三三)

私の最初のモダニズムの住宅との出会いは、私が五歳のときの《佐々木重雄邸》であった。田園調布の広い敷地に建てられた佐々木邸は私の親戚の家で、オープニングの日に母に連れられて訪れた記憶はいまでも鮮明である。晴れた日で大勢の人たちが訪れ、自由に中に入ったり庭に出ていたりしていた。その後、何回も佐々木邸を訪れる機会があったが、叔母は子供のない、きわめて内向的な人だった。したがって居間の庭に向かった全面ガラスは日が入りすぎるといって、いつもカーテンを下し、室内は薄暗かった。モダニズムの建築がつくりだすサタイヤーを映像にするのを得意とするタチが聞いたら、喜んで彼のシーンに使ったかもしれない。端部の大きな外のまわり階段も使っていたとは想像もできないが、後日この佐々木邸が映画のロケに使われたと聞いたので、おそらくこのまわり階段を

[図1]《佐々木重雄邸》、谷口吉郎、一九三三年

11頁　ギリシア・ヒドラ島に見る「集合」の風景

1　中二階、スキップフロアの空間構成をいう

彼らは喜んで道具建てに使ったのに違いない。この家はいまは存在しない［図1］。

《土浦亀城邸》（一九三五）

当時、私の家のすぐ近くに村田政真という建築家が住んでいた。白い家であった。その彼は両親とともに親しかったのか、当時彼が働いていた《土浦亀城邸》が竣工して、よばれているので一緒に来ないかというお誘いがあり、私も一緒に連れていってもらったのである。その想い出はほかにも書いているのだが、道路から少し歩いたところに玄関があり、そこがちょうどメゾネット［1］になっていて、半階見下したところが居間とキッチン、玄関の半階上が寝室という間取りであった。子供の頃に印象に残っていたのはメザニンという空間形式と、細い階段のレイリングであった。その頃、横浜の埠頭にクイーンエリザベス等のクルーザーが寄港すると、親によくつれていってもらった想い出がある。そのとき経験した甲板を昇り降りする空間構成、細いレイリング等の経験が折り重なって土浦邸のそうした部分に親しみを覚えたのかもしれない。

後年ちょっとした知己も得るが、まだ夫妻とも健在のときである。私が何となしにこの長者丸（品川区上大崎）にある土浦邸の前にたたずんでいると、ちょうど外から土浦夫人が帰ってきた。彼女は玄関前の呼鈴を押すと、しばらくしてから居間にいたであろう土浦さんが扉をあけて彼女の姿は中に消えた。居間は大きなガラスに覆われていて、ここでもなんとなくモダニズムの建築の面白さを目撃

［図2］《土浦亀城邸》外観、土浦亀城、一九三五年。白い箱型住宅でモダニズム建築の代表例

［図3］《土浦亀城邸》内観。メゾネットによる室内構成

することができたのだ。

土浦氏は周知のように帝国ホテルの設計をしていたフランク・ロイド・ライトの現場オフィスで働き、のちその才能を見込まれて、夫婦ともロサンゼルスのライトの事務所で数年働くこととなる。しかし往路、カルフォルニアで見たシンドラー［2］、ノイトラ［3］のモダニズムに強い印象を受け、帰路立寄ったヨーロッパでは当時のモダニズムの神髄に触れることになる。したがって土浦邸はそうした彼なりのモダニズムの結晶なのだ。土浦邸の写真をライトに送ったが、彼は当然喜ばなかったという［図2・3］。

《帝国ホテル》（一九二二）

私の祖父槇武の家は男子五人、女子三人の子供に恵まれ、したがって我々孫たちも大勢いた。槇家はクリスマスのとき、帝国ホテルに一堂が会し、七面鳥ディナーを共にするならわしがあった。我々にとっては一年一回の七面鳥であった。ところが数年前、お正月の年賀状で子供の頃よく遊んだ従姉妹、といっても私より一歳年上だったので、八〇歳も終りの年だと思うが、彼女から珍しくひと言、「帝国ホテルの集まりではいろいろ遊べて楽しかったわね」と書き添えてあった。彼女は一生主婦であり、建築家ではない。確かに彼女のいう通り、ライトの空間は佐々木邸、土浦邸と全く違う、ここかしこに装飾もある子供にとって魔術師の館のような空間であった。ライトは、日本に来て大空間の中に小空間を入り込ませる術をならったのか。ともかく、記憶に残る彼女のひと言でもあった［図4］。

2 Schindler, Rudolf M.、一八八七－一九五三。ウィーンに生まれアメリカに渡ってF・L・ライトのもとで活動。ライトや国際近代様式の影響を受けながら独自のスタイルを確立し、主に高級住宅を手掛けた。一時期ノイトラと共同で仕事をした

3 Neutra, Richard、一八九二－一九七〇。オーストリア生まれ、A・ロースのもとで働いたのちベルリンでE・メンデルゾーンと活動をともにした。最終的にはロサンゼルスを拠点として優れた住宅作品を残し、晩年には宗教建築や商業建築も手掛けた

《慶應義塾幼稚舎》(一九三七)

三田の旧校舎から小学校二年の冬学期に新築になった天現寺の慶應幼稚舎に移転し、ここでモダニズムの建築で四年間過ごすことになる。それは素晴らしい空間体験であった。工作室には土浦邸で見たメゾネットがあったし、何よりも嬉しかったことは二、三階の教室からは外側につけられたバルコニーから直接運動場にも、また、隣の教室に行くこともできたのである。その上、絵画室、理科教室、あるいは理科教室では家具などに独特の工夫がこらされ、そこに入ると一度に何教室かのアイデンティティを知覚することができた。これは私見でもあるが、この新幼稚舎の設計を依頼した当時の慶應義塾の施設担当であった私の叔父にあたる槇智雄の妹が佐々木夫人であったので、おそらく彼も佐々木邸を見て、若い谷口吉郎の建築家としての才能を見込んでいたのではないかと思う[図5]。

したがってこの素晴らしい四年間の空間体験を終えて、再び三田の古びた中等部に帰らなければならなかった我々の落胆は大きかった。

いま考えてみると、そのほかに日比谷公園、井の頭公園のパビリオン群も、いずれも白く、軽さを感じさせる一連のモダニズムの建築としての印象が強かった。そして一九五二年、渡米の前この系統のモダニズム建築で最も我々に深い印象を与えたのはアントニン・レーモンドの《リーダースダイジェスト》であったといってよいであろう。

[図4]《帝国ホテル》、F・L・ライト、一九二二年

[図5]《慶応義塾幼稚舎》、谷口吉郎、一九三七年

創生の頃―アーバニズムの季節

丹下研究室をめぐって

私は一九四九年に東京大学の工学部建築学科に入学した。一九四九年といえば戦後まだ四年目で、東京には焼け跡地、防空壕、闇市など戦争の跡も生々しいところがいたるところにあった。その中で東京大学の本郷キャンパスは戦禍を免れ、四月の建物群は濃い緑に包まれていた。

当時私自身、日本で著名建築家といえば、東大に丹下健三、東工大に谷口吉郎がいるくらいしか知らなかった。我々のデザインのアトリエは一号館の三階にあり、その奥に丹下研究室が続き、入口には当時コンペで当選した広島の《平和記念館》の木の模型が置いてあった。その丹下研で卒業論文を書き、卒業とともに渡米前の短期間であったが、丹下アトリエに同じ学友、神谷宏治とともに過ごすこととなった。私の終生の友でもあった神谷宏治は丹下研究室に残り、丹下健三をして、彼がいなかったならば一九六四年のオリンピックに向けて建てられた《代々木国立屋内総合競技場》はできなかったであろうといわしめた丹下健三の

［図6］　丹下研究室メンバーの打合せ風景。中央が神谷宏治、左で腕組みしているのが丹下健三

右腕の位置を占めていた［図6］。

私が丹下研究室で学んだことは、丹下健三は研究生の皆にある一つの新しい課題を与え、そのテーマに従って皆がさまざまなオプションについて議論し、最後にどの案にするかは丹下健三が決めるというやり方であった。それはマスターのもとで彼のいう通りに仕事をするという日本ならず、多くの欧米のアトリエ事務所のあり方と全く違うフレッシュなデザインへのアプローチであり、特に当時次第に多くなってきたコンペやプロポーザル向きのやり方であったといえる。彼のアトリエは特に新しい構造システムに挑戦することが多く、代々木の国立競技場もその成果の一つに挙げられよう。

私が渡米後も、神谷はつねに丹下研究室の最近作を知らせてくれ、そこからもその作品群は国内のみならず、国際的にも高い評価を受け得るレベルのものであることを納得し得るものであった。

一方、逆に私が帰国するたびに、丹下健三に呼ばれ、何がアメリカの建築事情の中で注目に値するかをよく聞かれたのである。現在と異なって、海外の情報がまだ入り難い状況であったからかもしれないが、丹下健三は建築の国際性について強い関心をもっていた日本でも数少ない建築家の一人であった。

特に彼が興味をもっていた建築家は、彼同様次々と新しい建築を発表し続けたエーロ・サーリネン［4］であり、それだけに彼が早くこの世を去ったことは

4　Saarinen, Eero、一九一〇－六一。フィンランド生まれ、父エリエルとともにアメリカに移住しイェール大学に学ぶ。その作風はシェル構造を取り入れたダイナミックな空間構成が特徴で、主な作品に《イェール大学ホッケーリンク》《ニューヨークのケネディ国際空港》《TWAターミナルビル》など

丹下にとって大きな衝撃であったことを私は目撃している。

私は在学中から、戦争による疲弊がなく、いま述べたサーリネンを始め意欲的な作品を生み続けるアメリカでさらに勉強したいと、ミシガン州のクランブルック・アカデミー・オブ・アート（Cranbrook Academy of Art）[図7]での一年の研修を経て、憧れのハーバード大学のGraduate School of Design（ＧＳＤ）に一九五四年入学することになる。

ハーバード大学とホゼ・ルイ・セルト

一九五三年にホゼ・ルイ・セルト（Jose Luis Sert）がここの学部長になるとともに、マスターコースの学科長も兼職することになり、したがって我々一六人の学生は運よく彼から直接デザインの指導を受けることになった。その一六人の中にはその後スイスのＥＴＨ（チューリッヒ工科大学）の教授となったドルフ・シュネブリ（Dolf Shnebli）、アジアからは私のほかにシンガポールからの建築家など、教授陣も含めて国際色豊かな陣容であった。そしてそれがその後、三〇年間続くセルトとの豊かな交流の始まりでもあったのだ。その年のケンブリッジの秋は紅葉が盛りで、空気も爽やかであった。当時学部のあったハーバードヤードの一画

[図7] クランブルック・アカデミー・オブ・アート

のロビンソンホール（Robinson Hall）の南東隅のセルトのオフィスで初めて対面したときの彼の姿はいまでも忘れられない［図8］。

ブラックスーツに蝶ネクタイの彼と白い壁を背にして出会ったとき、比較的背の低い身体から発散するエネルギーは通常の人のそれよりもはるかに強いものであったことをいまでもよく覚えている。彼は私に会うなり、彼が当時代表を勤めていたＣＩＡＭ（近代建築国際会議）の会議で出会った丹下健三はどうしているか、また、ル・コルビュジエのパリのオフィスで同僚として働いた前川國男や坂倉準三の消息について矢継ぎ早に尋ねてきた。彼はＣＩＡＭを通じて、国際的に得た多くの建築家（大部分はヨーロピアン）を客員として招聘することによって、この学部をヨーロッパとの接触の拠点にしていこうという野心を彼がその後の二〇年にわたる学部長職の間持ち続けた。その中には建築家だけでなく、都市計画家、アーティスト、そしてのちに客員教授となる建築史家のジークフリート・ギーディオン（Sigfried Giedion）も含まれていた。

彼は我々のスタジオに週二回、午後の二時から六時まで一六人すべてのデスクをまわり、与えられた課題に対する我々のデザインの批評をしてくれた。その彼の批評のベースにあったのは人間性に富んだ、のちに皆が使用するようになった建築家の設計に与えられた場所の文脈的なものであった。我々に与えられた課題の場所は実際に存在し、見に行けるところが多かった。彼の批評の関心はつねに

［図8］ハーバード大学での出会いから約三〇年間続いたホゼ・ルイ・セルト（右）との交流

周辺と我々のデザインの関連性、平面計画の明快性、そして与えられた空間の中での人間の動きへの考慮にあった。また、自然光への配慮、外に向けての開口部のあり方などについてもつねに大きな関心を払う批評であった。もちろんオーソドックスなモダニズムへの配慮も必要とされたが、彼の関心はつねに人間が与えられた空間における経験を想像することにあり、それは空間の機能性を重視するグロピウスとは異なっていた。彼はこうした彼の関心を満たさないデザインに対しては容赦ない批判を浴びせた。

グロピウスがどちらかというと言葉による批評であったのに対し、セルトはいつも彼自身鉛筆を取り上げ、彼のスケッチを見せてくれた。のちに彼のスタジオで働くことになったときに、彼は大学のスタジオと彼自身のアトリエで考えていることが全く同じであることを発見したのである。彼のヒューマニズム建築の哲学は、彼の多くのプロジェクトに発見することができるのだ。

しかし、同時に彼はデザイン批評が一方的に偏らないよう、その地平を広げるために異なった意見をもった建築家たちも客員として招いている。たとえばミラノのBBPR〔5〕のパートナーであり『カサベラ』(Casabella)〔6〕というイタリアの建築雑誌の編集長であったエルネスト・ロジャース(Ernesto Rogers)が我々のマスタークラスに客員として招かれた。彼は巨体とそれに匹敵する激しい気性の持主で、小さな事象にまで合理性の存在を主張するセルトとたびたび異

5　一九三〇年代以降活躍したイタリアの建築家グループ。L・B・バルビアーノ、G・L・バンフィー、E・ペルスティー、E・N・ロジャースら四人で、それぞれの頭文字をとってグループ名とし、伝統と近代との調和を試みた。代表作に《トーレ・ヴェラスカ》

6　一九二八年創刊。建築、都市、プロダクトをテーマに批判的な論調で建築論争を繰り広げた

なった意見をもっていたので、ロジャースとセルトとの討論を我々は享受する機会をたびたび得た。しかし彼はまた、機知に富んだ話を我々にもしてくれた。たとえば彼曰く、建築家のデザインとはちょうど男をよく知っている女友達と付き合っているようなものだ。どんなに建築家が彼の愛情と金銭と時間を捧げても、それに対し充分なお返しはしてくれないのだ……等。

ちなみに数年後、ロジャースの事務所がミラノに《トーレ・ヴェラスカ》(Torre Velasca)というのちによく知られるようになった建物を実現した。そしてこの建物は、一九五九年のCIAMのオテロの会議で特にTeam Xのメンバーたちから宗教裁判にも似た強い批判を受けることになる。彼はその後まもなく歿するが、この建物はヨーロッパにおけるポストモダニズムの先駆者として建築史にその名をとどめることになる。ちなみにイギリスの建築家リチャード・ロジャースは彼の従兄弟である。

このようにさまざまな教祖的な、あるいは物議をかもしかねない性格をもった人たちがGSDの教員に招かれているが、それは一九五四年の我々のマスタークラスの生徒たちにとっても、最大の賜りものであったと思う。

セルトの事務所にて

一九五四年にGSDのマスターコースを終えた私は、どうしてもニューヨークでの生活に憧れていた。運よく紹介もあって、SOM(Skidmore, Owings & Merrill)に職を得ることができた[図9]。のちに大組織になるSOMも、当時はゴードン・バンシャフト(Gordon Bunshaft)をチーフとするアトリエ的な事務所であった。そこに一年近くの実習を経たのちハーバード時代のクラスメート、ドルフ・シュネブリの後釜としてセルトの事務所に入所することができた。一年でSOMでの経験は充分もつことができたので、新しい職場は魅力的であった。その頃セルトのニューヨーク事務所はポール・ウィナー(Paul Wiener)との協同で、南米の都市の都市計画プロジェクトが仕事の主を占めていた。私が入所したとき、彼らの事務所にとっても初めての建築設計の仕事、ティグリス・ユーフラテス川に面したバクダッドの敷地にイラクのアメリカ大使館の計画が始まるところであった。ティグリス・ユーフラテス川から水路を導き入れ、それに沿い、あるいはまたがって、大使館公邸、事務所、あるいは職員の住居などが設けられたデザインであった。彼の事務所はタイムススクエアの近くの五階建の小さなオフィスビルのペントハウスにあり、その足元には昼間から怪しげな職業に携わる女性がたむろしていた。しかしSOMと違って、小さなアトリエ事務所らしく寛いだ雰囲気に満ち

[図9] SOMニューヨークオフィス

ていた。そして夜遅くまで働いている我々の耳に、ときとして隣のホテルの婚礼祝いのレセプションの音楽が窓越しに聞こえ、あるいは人々が踊っているのを垣間見ることもあった。

明け方五時頃にオフィスを出ると、タイムススクエアの喧騒も途絶え、紙屑が舞い上がり、人気といえば二四時間オープンの安いカフェテリアに一人、二人人影が点在するぐらいであった。その光景はいまでも忘れられないものの一つである。

我々が大使館計画の最後のドローイングの仕上げにいそしんでいると、ときにセルトの美しい伴侶の金髪のモンチャ（Moncha）が現れて、大使館の模型に木を植えるのを手伝ってくれたりした。それはSOMのような組織事務所では見ることのできない光景でもあったのだ。所員も一人のアメリカ人を除いて、すべて生地はアメリカ以外の人たちであった。しかし誰もが建築に対して強い関心と希望をもっていた。ときに我々の議論が必要以上に声高になると、そこで部屋に入ってきたポール・ウィナーが「どうか静かに、静かに（pianissimo,pianissimo）」とあたかも子供のオーケストラ指揮者のように声をあげることも少なくなかった。

その年、一九五五年の九月に近づいたとき、セルトはハーバードの近くに事務所を移設することを決定した。ちょうどハーバードのドクター・コースに志願しようとしていた私は引き続き、彼のオフィスでパートタイムで働くこととなる。

彼の最初のケンブリッジでのオフィスはハーバードスクエアからあまり遠くない静かな彼の自宅のガレージの上の小さな部屋で、そこでは日本人の私のほか、ポーランド人、デンマーク人そしてアメリカ人の四人であった。ポーランド人はジョセフ・ザレフスキー（Joseph Zalewski）といい、奇跡的に第二次世界大戦中、ワルシャワのゲットーから逃れ、パリのコルビュジエのオフィスで働いていたセルトとはそこが最初の出会いであった。そしてのちにセルトがハーバード大学の学部長になったときに、初代の教官の一人としてよばれていた。彼は彼が信ずる建築デザイン哲学にはきわめて頑固であったが、同時にその心根は優しい人であり、彼のデザイン教育を受けた生徒の誰もが教師としての彼への賛辞を惜しまなかった。そしてセルトのオフィスでは、セルトもつねに彼とデザインについての相談を惜しまなかった。つまり従来の雇い主―使用者の関係がそこでは逆転し、セルトのデザインをザレフスキーが批評するということが多かったのだ。

ときに我々が遅くまで働いているとセルトが彼の居間に我々を食前酒によんでくれ、そこでは彼のヨーロッパ文化の歴史、芸術そして建築についてうち解けた雰囲気の中で歓談してくれることがあり、それはけっして大学では経験することのできないインフォーマルな機会でもあったのだ。子供のいないセルト夫妻は特にペルシア猫を可愛がっていた。週末はロングアイランドの別邸で過ごすことが多く、そのときは我々にその猫を預けていった。あるとき、その猫が外へ出ていなくなってしまった。そのとき、ザレフスキーは彼特有の低い声で「もしも猫が帰ってこなければ、セルトは絶対に我々を許すことはないだろう」といったその声をいまでもはっきり覚えている。幸い猫が我々のところに帰ってきて、事無きを得たのだが。

所員の人数が次第に増えるとともにこのガレージの二階の小部屋では狭くなり、ハーバードスクエアに近いアパートの二階に移った。そのアドレスはボイルストン街の五四番地であった。アパートは二つの壁で仕切られ、それぞれに階段室があり、何と私の部屋も二階にあり壁の向かいがセルトの事務所だった。私は朝起きるとアパートの同じ側の地下にあるフレンチ風のカフェでコーヒーとクロワッサンをとると、そのまま隣のセルト事務所に行くか、大学の授業に行くかという簡明な生活を毎日繰り返すことになった。面白かったことはたまに私の寝起きが悪いと、隣の部屋から壁を叩く音が聞こえてくるのであった。当時我々は、ロンドンの在英アメリカ大使館のコンペに取り組んでいたときでもあった。

一九五六年に、のちに詳述するアメリカで最初の国際的な都市デザインの第一回会議が、セルト主導のもとにGSDで開催された。特筆すべきことはこの会議に参加していた誰もが、そこで新しいページが都市デザインの歴史に開かれつつあったのではないかという共感をもち得たことだと思う。この共感については、別の項で述べることになるが、歴史に新しい動きをもたらした重要なモメンタムであることをここで特に指摘しておきたい。五〇年代の終わりは、すでに建築界にはある種の閉塞感が漂い始めていた。それだけに都市デザインはそこに何か新しい力を与えるものであった。何事にも必ず衰退があり、逆にそれが新しい何ものかをつくりだす力にもなる。のちに述べる六〇年代のGSDにおいては、明らかに同じマスターコースでも建築よりも都市デザインコースに活力があったことをいまでも鮮明に覚えている。

ポール・ルドルフとの出会い

私のケンブリッジの第二期の終わりの前に、ぜひポール・ルドルフとの出会いについて述べておかなければならない。ちょうどその頃、ルドルフはウェルスレイカレッジのジェヴィットセンターの計画のために、一時的にケンブリッジに居を移していた。私はその頃、そしていままでもそうであるが自分で食事をつくらないため、同じルドルフとハーバードヤードに近いカフェでたびたび朝食を一緒にすることから知己を得たといってよい[図10]。当時コルビュジエの《アーメダバードの繊維会館》や《ラ・トゥーレットの修道院》などが次々とメディアに発表され、我々の建築の議論もそのたびに高揚さを増していった。そのルドルフがある日、彼の友人であるワシントン大学のビュフォード・ピケンスから若いデザイン

7　一九五六年設立のアメリカのグラハム財団によって提供される助成金。建築家、学者、作家、芸術家、デザイナーなど個人や組織の仕事を支援する

8　Dodhi, Balkrishna Vithaldas、一九二九-。インド人建築家、インドに現代建築と教育の礎を築き、二〇一九年プリツカー賞受賞

9　Chillida Jeantegui, Eduardo、一九二四-二〇〇二。鉄や石、テラコッタなどを素材に、特に屋外にスケールの大きい抽象作品を制作した

[図10]　ポール・ルドルフ

のインストラクターを彼らが求める話があり、それがその後ワシントン大学に教職を得るきっかけとなったのである。

彼との出会いがなければ、その後ワシントン大学で私の建築家としての処女作となった《スタインバーグホール》［図11］を設計することもなかったであろうし、この後述べるグラハム基金［7］、メタボリストあるいはTeam Xメンバーとの出会いもなかったかもしれない。当然、別な建築家の人生を歩んだにしても、それがどのようなものであったかはわからない。人生における何がクリティカルの出会いであったかは、後年初めて知ることが多い。ルドルフとの出会いもそのよい例の一つである。

西方への旅

すでに述べたように、何が一人の人間にとって重要であったかは多くの場合何十年かののちにわかる場合が多い。一九五八年から一九六〇年の二年間、すなわちグラハム基金のフェローであったこの時期は、私の人生においていまでも忘れることのできない時期であった。グラハム基金のフェローに与えられた義務は、基金の本拠であるシカゴで一週間過ごすことだけであった。その一九五八年の九月に集まったフェローは私のほか、インドの建築家B・V・ドーシ［8］（彼とはそ

［図11］《ワシントン大学スタインバーグホール》。筆者の建築家としての処女作となった

［図12］インドの世界的建築家B・V・ドーシ（左）と筆者

の後生涯の友となる）［図12］、スペインの彫刻家エドアルド・チリダ［9］、キューバのシュルレアリスムの画家ウィルフレド・ラム［10］、そして少し年は離れていて、すでに我々と異なって《エンドレスハウス》などで国際的にも名の知られていたフレデリック・キースラー［11］などが含められていた。そして彼の機知に富んだ言葉は、七人のフェローにいろいろ活気をも与えてくれたのだ。

そして次の二年間、東南アジア、インド、中近東そしてヨーロッパの数々の国を訪れることになる。私の意図は私が見知らぬ国々、地域を訪問し、それぞれの伝統ある歴史に基づくまちづくり、建築を訪れることであった。それに先立って私がまだ大学生であった頃に読んだ京都大学の哲学者、和辻哲郎の『風土』という本にも強く魅かれたことを覚えている。彼自身の船による西方への旅で、大きく分けてモンスーン地帯のアジア、砂漠の中近東、そして牧場のある緑のヨーロッパ、そしてその背後にある彼らの歴史的な文化、そして居住環境のあり方、その差異性等の叙述に強く心にとどまるものがあった［図13］。

私は生まれて初めて地中海を見たときの興奮をいまでも忘れることはできない。第一回目の一九五九年の旅で立ち寄ったシリアの古都ダマスカスを朝車で出発し、ゴランハイツを超え、そして夕方ベイルートに向う途中、ビブロスの丘からはるか西に青い空に輝く地中海を望むことができたときのことである［図14］。

これらの多くのまちや集落を訪れることができた西方への旅において、最も

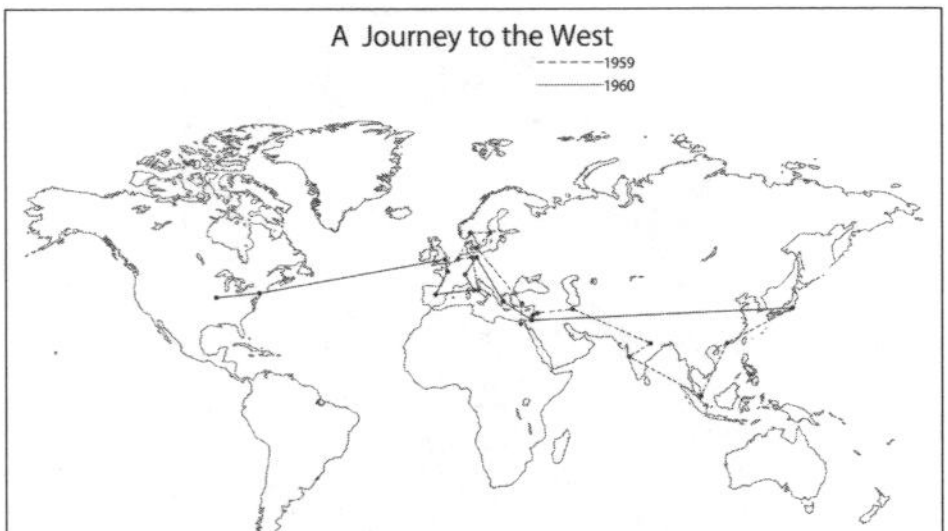

［図13］ 二年間にわたる西方への旅のルート

10　通称 Lam, Wifred、中国名林飛龍、一九〇二－八二。西洋の現代性とアフリカやキューバの地域性に根差した独自の表現形態を有し、抑圧や国の悲劇、黒人の境遇などを題材に生命の尊厳を訴えた

強い印象を受けたのは一つのコミュニティということもできる小さな、しかしまとまった住居群の存在であった。これらの住居群の壁面がつくり出す濃い影の部分と、光が当たることによって浮かび上がってくる華やかな色彩の対比、それらがたとえば地中海沿岸の急な勾配の地勢の上に折り重なって現れる一種の群造形、そしてそれらは多くの場合ごく単純な形態と空間、たとえば住居の中にある小さなオープンスペースに向かって配置されている個室群によって形成されている。

当時、日本ではまだ建築家や建築史家による集落の調査も始まっていなかった。それだけに、私はこれらの集落にそれぞれの地域の文化と長い期間にわたって蓄積された居住民の知恵の集積を発見することができたのである。そこにはまちづくりと建築との間に決定的な同時発生的関係があり、地中海沿岸、そして中近東の多くの地域においては、建築をつくることとまちをつくることは同意議であることを発見する。建築のタイポロジーの重要性、集合の原則、そして社会にとって記憶の装置としての機能性、これらはすべて同じ考え方—姿勢から生み出されているのだ。この時期、私はそれまで一〇年の間、学んできたアーバニズムのさまざまな課題についてもう一度考え直さなければならないと思うようになった。

これらの訪問、そして何がまちをつくってきたかという原則の発見は、最終的

11　Kiesler, Friedrich、一八九〇－一九六五。オーストリア生まれ、アメリカを中心に活躍した建築家、芸術家、デザイナー。短期間だがアドルフ・ローズのもとで働き、デ・ステイルにも参加した。建築家でありながら建築をつくらないアンビルド・アーキテクトとか、マジック・アーキテクトと評された

［図14］　ベイルートへ向かう途中のビブロスの丘から西に見る地中海

には群造形を中心に〝集合体〟の研究としてまとまり、ワシントン大学から一九六四年にそのエッセイが発表されることになる。

メタボリズムへの参加

一九五八年頃、日本の建築界の間で、一度日本でもそれまでなかった国際的なスケールの世界デザイン会議をもとうではないかという気運が生まれ、一九六〇年の五月が会議の期日とすることも決定された。そのために建築界では坂倉準三、丹下健三が中心となり、話が進められた。丹下門下の代表である浅田孝が事務局長に選ばれたが、彼は一方においてより若い世代の建築家たちがこの世界デザイン会議に参加すべきだとも考えていた。その若い世代の建築家とは菊竹清訓、黒川紀章、そして当時雑誌『新建築』の編集長でありまた建築評論家の川添登の面々であった。そして特に川添は、この会議を機会に日本における新しいアーバニズムについて発言すべきであると主張した。ヨーロッパでは、たとえばル・コルビュジエは彼に与えられたプロジェクトとは無関係に彼自身の考える新しい建築、アーバニズムについての考えを提案してきたのに対し、日本ではそのような考えをもった建築家がいなかったとし、浅田孝を中心にぜひそうした気運をこの際、実現しようということになっていた。

ちょうど一九五八年の秋、私は次の二年間の西方への旅の準備のために東京へ帰国中であったが、浅田孝の勧めもあってグラフィックデザイナーの粟津潔とともにその運動に参加することになった。正式なその集まりを「メタボリズム」と呼ぶことに決定し、周知のように世界デザイン会議の機会に「メタボリズム一九六〇」と称するパンフレットを作成することができたのである。

私は「メタボリズム一九六〇」のマニフェストの中で、同じくメンバーに加わった大高正人とともに「群造形へ」と題する提案を行った［図15］。そこにはすでに西方の旅の中で地中海沿岸、中近東で得た経験が強く反映している。その提案の場所としては当時、東京ではその再開発の可能性が強くメディアでも取り上げられていた当時の国鉄新宿駅の西地区を中心に取り上げ、大高正人が関心をもっていた壮大な人工地盤上にそれら群造形を発展させるという主旨のものであった。もちろんこの計画は、私が西方への旅で学んだ集合体の様相を反映したものではない。むしろより抽象的なかたちで、どのような集合体であってもそれを構成する個々の存在があって初めて有益な全体像が展開するのではないかということを強く主張した。それは当時、近代建築が発展させてきた技術力を駆使した巨大スケールのユートピア的発想に対するもう一つの規範を示そうとしたものでもあった。

この「メタボリズム一九六〇」が発表されたとき、メンバーの最年長者、大高

［図15］「メタボリズム一九六〇」で提案した新宿の「群造形」

正人は三七歳、私と菊竹清訓は三二歳、黒川紀章はまだ二六歳であった。そして菊竹を除いては、まだ自分自身の設計事務所をもっていなかった［図16］。

もちろん、この案が発表されたとき、我々はこのマニフェストが直後に国際的に大きな反響をこれほど受けるとは想像もしていなかった。しかしその後、多くの建築史家によって、一九六〇年代の重要な建築運動の一つとして認められることとなった。なぜそのように、このマニフェストが国際的に大きな反響をもたらすことになったのか？ それはホアン・オックマンのエッセイ集『建築の文化 1943〜1968』の中で述べられているように、我々の提案は当時ほかのユートピアン提案よりも、より具体的に近代建築技術とシンボリズムを融合したものであったからかもしれない。建築批評家、八束はじめは彼の著者『メタボリズム』の中で、アーキグラム［12］のメンバーであったデニス・クロンプトンとピーター・クックのメタボリズムの提案に対する感想として、道路、カプセル、住居施設などがいかに統合されているか、その新鮮さに打たれたとしている。特に黒川の提案に道路がスパゲッティのようにスムースに結合、あるいはねじ曲げられたり上下する手立てに強い印象を受けたとしている。さらに菊竹の海洋都市に見られるその提案の大胆さであったとしている。

世界デザイン会議が近づくにつれて、我々は銀座にある小さな宿屋に浅田孝の誘いで集まることが多かった。ここで彼は我々の指導役ではあったが、メタボリ

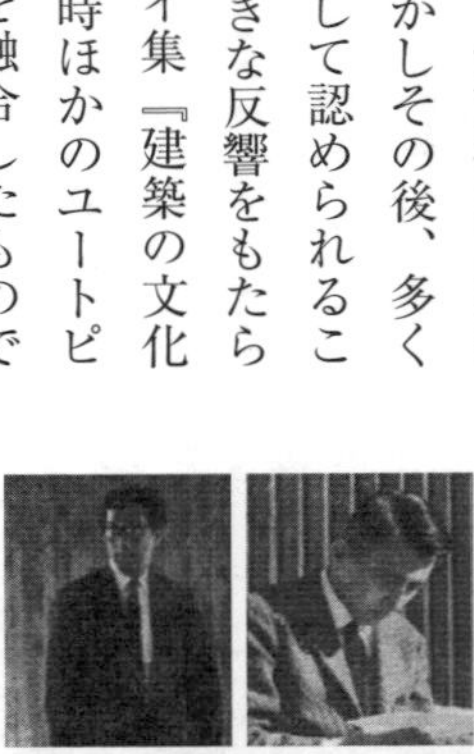

［図16］ メタボリズムのメンバー。右上から時計回りに槇文彦、黒川紀章、大高正人、菊竹清訓（一九六〇年当時）

12 Archigram。一九六一年にピーター・クックやデニス・クロンプトンら六人の前衛建築家により結成されたグループ。ロンドンで同名の雑誌を発行、七四年まで活動した。建築ドローイングを作品とし、建築の情報化、マスメディアへの拡散を図った。六四年には足がついて移動可能な巨大都市《ウォーキング・シティ》、着脱可能なユニットで構成された《プラグ・イン・シティ》を発表、近未来のテクノロジーをアイロニカルに表現した

ズムのメンバーになることは生涯なかった。小さな畳の座敷に坐りこみ、ビール片手に我々それぞれの提案の違い、年齢差にも気にせず、夜更けまで議論を重ねたのである。今日こんな集まりは想像もできなくなっている。

我々のチームは共通の志で結ばれているとともに、個人的にも共通のバックグラウンドをもっていた。たとえば浅田、黒川、そして私は丹下スタジオにある時期属していたし、丹下は特に菊竹の建築に注目していた。そして我々は丹下も含めて海外、特にヨーロッパの建築家の真似をすることをやめた方がいいのではないかと考え始めるようになっていた。事実、実際に私を除いては誰も海外をよく知っているものはいなかったのだが。

一九六〇年以降、丹下を中心にメタボリズムグループをもう少し規範の少ないグループに、たとえば磯崎新にもよびかけて、拡大しようという動きもあったがそれは実現することはなかった。というのも、一つには皆それぞれの仕事が忙しくなっていたこともその理由に挙げられるだろう。今日、メタボリズムの運動はアーキグラムあるいはTeam Xの運動と比べるとはるかに短命であったといわれている。しかし、黒川は有名な《中銀カプセルタワービル》（一九七二）を始めとして、「メタボリズム一九六〇」で発表したいくつかのアイディアを実現しているし、菊竹は沖縄の海洋博では海上に浮遊する《アクロポリス》（一九七五）を実現している。しかも菊竹、黒川、槇の三者協同によるペルーの《リマの低所得層の集合住居》では、住民の手によって改・増築が容易な考えをもったデザインにより、一九七〇年に完成してから次の四〇年の間に住民の手により全く異なった姿が実現している。それはまさに、変容と生成をモットーとしたメタボリズムの概念を明快に表明しているともいえる。

一方、丹下が世界デザイン会議ののち発表した《一九六〇年東京計画》は、さらに菊竹の海洋都市の考えを拡張したものと見なしてよいだろう。そして一九七〇年の大阪万博では、丹下の壮大な《お祭り広場》はいうまでもなく、菊竹、黒川も含め、多くの日本の前衛建築家たちがアイディアを競い合う場を提供した。このようにメタボリズムの新鮮な建築のあり方は、戦後、奇跡的な回復を遂げた日本の時代精神をよく象徴しているとともに、それは急速に丹下を中心に発展した建築文化の一つの成果と見ることができる。そしてそれは、今日日本が世界の建築文化の中で確固たる地位を築き上げる先駆けでもあったのだ。

Team X、バニョル・シュル・セズの会議

世界デザイン会議に招待された著名な建築家たちの中では、アメリカからは私もよく知っていたポール・ルドルフやルイス・カーンがいた。ルイス・カーンは特にメタボリズムの連中が彼を菊竹の自邸に招き、私の通訳で歓談した一夕はいま

でも忘れることはできない。そしてヨーロッパから招待された建築家の中には、ピーター・スミッソン夫妻がいた。その夏、二度目の西方への旅を企画していることを彼に話すと、彼はぜひTeam Xが南仏アヴィニョンの近くのバニョル・シュル・セズで開く予定のミーティングに参加するよう勧めてくれた［図17］。

この集まりで主なるメンバーは、イギリスからスミッソン夫妻とジョン・フォルカー、オランダからアルド・ヴァン・アイクとヤコブ・バケマ、イタリアからジャンカルロ・デ・カルロ、スウェーデンで仕事をしているイギリス人のラルフ・アースキン、パリで事務所をもつギリシア人のジョルジュ・キャンディリスとシャドラック・ウッズ（アメリカ人）、ポーランドからオスカー・ハンセン、そしてドイツからシュテファン・ヴェヴェルカというきわめて国際色豊かなグループであった。この小さなまちが選ばれた理由の一つは、この近くでキャンディリス＋ウッズの事務所がかなり大きな集合住居群を設計していて、その見学もプログラムの中にくりこまれていたからであった。この市の市長の好意により、市庁舎の一部屋を我々に貸してくれた。会議には先に述べた各メンバーが最近作をもち寄り、自由な討論が展開された。私は確か、《新宿の群造形》《名大豊田講堂》を見せた記憶がある。しかし、デザインの内容とヴァン・アイクの雄弁な説明がひと際目立ったのは、当時すでに広くヨーロッパでは知られていた《アムステルダムの孤児院》があったからであった。討論はすべて英語でなされ、五日間の滞在中、

［図17］　家族連れの参加者もいたTeam Xミーティング。筆者も夫婦で参加した

一日の半分はディスカッションに充てられ、ときに激しい議論となることもあった。しかし、今日のスケジュールに従ってすべてが進行する国際会議と異なって、スケジュールもきわめてインフォーマルであった。もちろん家族をつれてきた参加者も何人かいた。しかしその激しい討論をしながらも、きわめて印象的であったことは彼らの間に強い同志意識があったことである。そこからも、当時彼らが建築界の前衛であることに強い誇りをもっていたことが伺われた。その意味では、当時のメタボリズムの同志意識とあまり変わらないものがあった。ただひと言付け加えれば、メタボリズムはあくまで日本人の中の同志意識でつながっていたが、彼らのそれはもはやそれぞれの国を離れてグループの中での一人ひとりの個人同志の強いつながりであったのだ。

この会議での中心議題は住居問題であった。それはいかに都市の中、あるいは周辺において多くの人々のために住みよい集合住宅をモダニズムの技法を駆使して実現し得るかにあり、CIAMの概念的な住居環境の形成よりも、新しいより具体的なアーバニズムに基づいた建築あるいは建築群の〈かた〉のあり方を模索していた。そこでは集合のあり方の背後に存在するかたの存在を、たとえばアフリカの集落の中から見出そうともしていた。その前年、ヴァン・アイクは他の建築家や写真家とともにサハラ砂漠を縦断している。

教条的なCIAMに反旗をひるがえして集まったTeam Xのメンバーの多く

は、当時三〇歳後半から四〇歳代であった。彼らは建築のかたとより広い地域文化の関係、あるいはそれぞれの地域におけるヒューマンな振舞いをいかに建築に融合させるか等について討論を行った。しかし我々の近過去の歴史が示すように、彼らが夢見た新しいタイポロジーが、我々が現在直面するモンスター的な巨大都市において実現することはできなかった。

会議における主なるプレゼンターは、オランダのバケマとヴァン・アイクであった。特にヴァン・アイクは、当時アムステルダムに完成した孤児院（222頁図25参照）を雄弁に紹介した。CIAMのような一義的な体系論ではなく、有機的な考えが必要であることを力説し注目を浴びた。たとえばいままでの都市の構造を説明するのに、往々にして樹木のスケルトンそのものが例にとられるが、実は葉は木の一部ではなく、葉そのものはそこから出る芽が次の樹木をつくるゆえに、葉は木そのものであるといった考え方、すなわち部分と全体に対する新しい考え方が必要ではないかと提案したものであった。これはまさしく私と大髙の提案する群造形の考え方に近いものであった。

このようにCIAMの理論を乗り越え、包んでしまうようなものの不在の中で、Team Xメンバーはこのような一種の真空状態から生ずる不安と、何か新しいものを探し出さなければならないという焦燥感は—実はそれは近代建築における都市デザインにおけるヨーロッパの先駆者としての誇りにかけても必要なものであったが——ただちにTeam Xなるグループの存在理由に対する不安であり、焦燥感にもつながっているように思えた。

スミッソンはこうした状態を次のように述べている。「現在、建築家が突如として一万人、二万人の人口を入れる住居施設を設計し、建設しなければならないようなケースはごく当たり前になりつつある。しかし我々は、はたしてこのような大規模な空間構成に関する理論と手立てを実際にもちあわせているだろうか。CIAMの原理を忠実に実行しているものも含めて、その多くのものは、かつて中世に建てられた町々や、また自然に発生した村落の集合に比べて、いかにヴィジュアルな面において貧しいものであろうか」。素晴らしい個々の建築、たとえばシーグラム、マルセイユを始め、勝れた個々の建築は出現しても、近代建築が新しい時代の集団の都市環境をつくるかにいたっていないと。これらの言葉はいまから六〇年前、建築家の遭遇しつつあったアーバニズムの一つの現実でもあったのだ。

バニョル・シュル・セズはまた、個人個人の家族ぐるみの交歓の機会でもあったのだ。朝の会議は午後一時には終わり、それからフルコースの昼食が我々が泊まっているホテルのレストランで始まる。夏なので多くは道路に面して屋外でとる。食事のあと、皆プールサイドに移り、遅く始まる午後のセッションは夕方八時頃に終了。そして再びフルコースの夕食が始まるのだ。もちろん討論は夕食の間にも続けられる。そしてときに二つのミーティングの間にアヴィニョンのローマ時代の遺跡を訪れたり、夜には近くの遊園地に行って遊んだりした。このようにわずか五日間であったが、その後これらのメンバーのある人たちと生涯の長い付合いの始まりでもあった。

日本における活動

このように最初に渡米した一九五二年から帰国して自分の設計事務所を始める一九六五年までの一三年間はその多くの時間をアメリカを中心に過ごしたが、最初のセルトとの出会いから始まって、この期間中私にとって国際的にアーバニズムの動きに直接参加したり、触れることができたのはきわめて幸運だったといえるだろう。

一九六五年に帰国した私は東京に建築事務所を開設した。この時期はベトナム戦争、世界的なエネルギー危機、一九六八年のパリの五月革命を引き金に起きた世界中の大学に騒乱が生じた。当時これらは偶発的な出来事と見るのでなく、歴史的に必然性をもち、建築のそれまでの機能主義を中心とした原則の無批判的受容を否定するとともに、ポストモダニズムの台頭の先駆けともなったと考えてよいであろう。しかし今日これらの運動をもう少し冷静に振り返ってみる必要性があるのではないか。確かにこの時期さまざまなアイディアが知性レベルの世界にも訪れたが、それはポストモダニズムがいうように歴史的にもポジティブな転換期が訪れたものではなかった。おそらくモダニズムのコンテンツは変わっても、モダニズムそのものが消滅したのではなかった（私は第四章「New Humanismとは何か」の中で、そのコンテンツがインフォメーションセンター化していると指摘している）。つまりモダニズム自身は外力によって消滅することはなく、内からさまざまな外力に対して変貌し得る弾力性をもっていたのである。さもなければモダニズムが生まれてから一世紀、その間の政治、経済、技術社会のさまざまな変化の外力についていくことはできなかったであろう。

したがって私自身、事務所を開設した直後、《ヒルサイドテラス》のプロジェクトに遭遇したことはきわめて幸運であったといわなければならない。プロジェクト自身についてはこのあと詳述したいと思うが、東京の真ん中に第一期から第六期まで二五年間にわたって変貌する東京のライフスタイル、自身のモダニズムと周辺環境の変化をゆっくりと観察しながらそれぞれのフェーズに適切な建築、そして立正大学に始まるいくつかの大学キャンパスを通して、集合体をつくり出すことを経験することができたのである［図18］。それはその後も経験できないアーバニズムとモダニズムの貴重な検証の機会であった。しかし一九八〇年までに《藤沢市秋葉台文化体育館》《東京体育館》《幕張メッセ》のプロジェクトを通

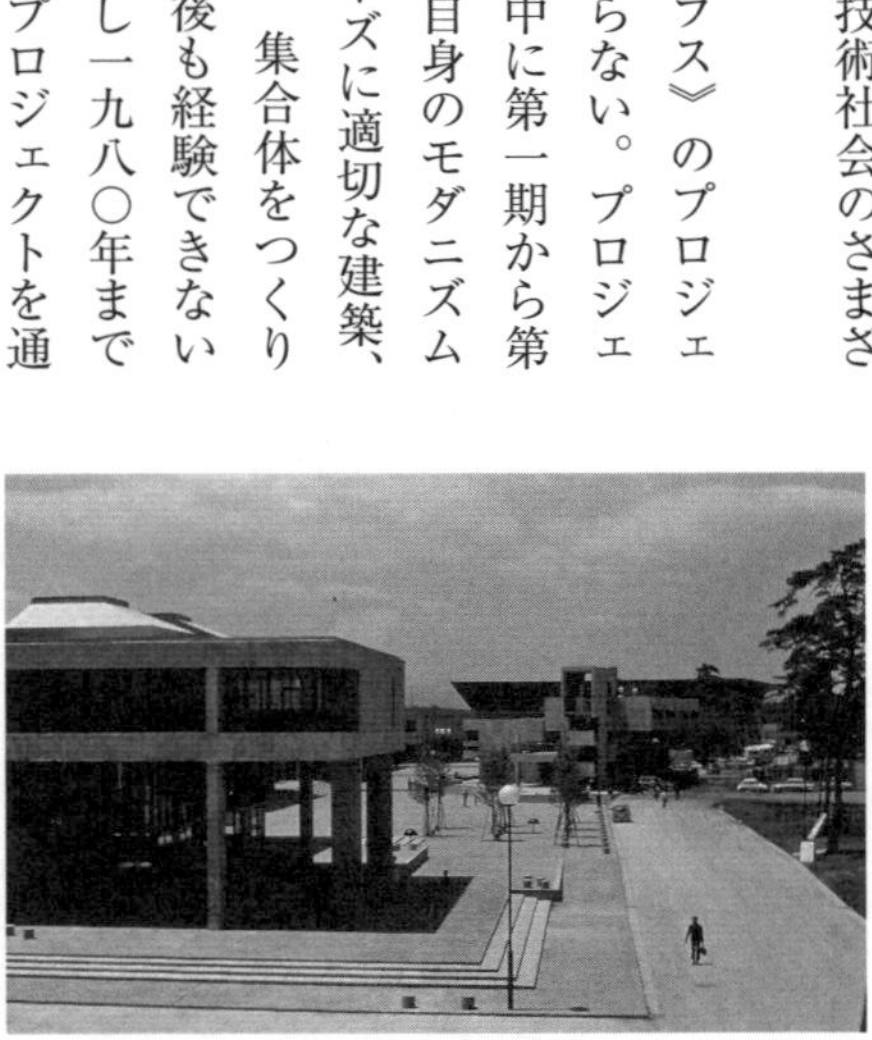
［図18］集合体をつくりだす初期の《立正大学熊谷キャンパス》、一九六八年

じて、大空間をつくる別な技術の開発と利用形態、素材についても学ぶことができたし、当時ポストモダニストたちのモダニズム建築批判に対する私なりの答えをもつこともできた。私にとって何がモダニズムの中で変容し、何が変容しないものなのかがつねに設計の中心課題であったのだ。

私が幼少のとき遭遇した最初のモダニズムの建築《土浦亀城邸》と、その頃親に連れられて見に行った横浜埠頭の外国客船の甲板のダイナミックな空間、のちにパリで見たピエール・シャロー［13］の《メゾン・ド・ヴェール》の完全にガラスブロックで囲まれた空間に満ちる柔らかい冬の自然光、そして土浦邸の階段の手摺とダイカー［14］の《ゾンネストラール》［図19］のそれの相似性、これらは我々にとってモダニズムの何を変えることができるのか、そして何を変えない方がいいことなのかを、こうした経験を通して教示してくれるのだ。建築における前衛性と後衛性の必要度。それぞれの経験が、無数の異なった建築がもつ意義を教えてくれる。その意義の検証がそれぞれの建築家のモダニズムを発展させていくのだ。

私がこれまで目撃してきた才能に秀でた建築家、理想を目指す批評家、情熱に燃えた教育者、彼らはそれぞれの分野においてモダニズムとアーバニズムの発展に寄与してきた。その多くは親しい友人でもあった。しかし彼らの多くはいまやこの世に存在しない。ふと、もう彼らと話をすることができないと考えたとき、

13　Chareau, Pierre、一八八三－一九五〇。フランスのインテリア&家具デザイナー、パリに設計した建築作品は「ガラスの家」と呼ばれた

14　Duiker, Johannes、一八九〇－一九三五。オランダ初期近代建築の第一人者で、建築から意味のない装飾、非建築的、非合理的要素を排除し、建築の純化、空間の全き透明性の確保に努めた。代表作に《ゾンネストラール》など

［図19］　サナトリウム《ゾンネストラール》の階段室、ヨハネス・ダイカー、一九三〇年

ただ寂寥感だけが残るのだ。

今日の情報化社会の中で育つ若い建築家たちと比較しても、はるかに個性に満ちた彼らであった。新しさとそれへの感受性の持主は、それなりに柔軟な思考の持主でなければならない。それは我々の先達たちが示してくれた資質でもあった。何が建築なのかという設問は、私が最初にモダニズムに遭遇して以来の永遠の課題でもあるのだ。

集合体とその後

一九六〇年の秋、当時三二歳であった私はワシントン大学の教職に戻る。一九五八年から六〇年までのヨーロッパ、中近東、アジアへの旅での経験に基づいて、その後一九六四年にワシントン大学から出版されることとなった『集合体の研究』のもととなる集合体の三つの基本形についてのペーパーを作成した。そのゲラ刷りのペーパーを、その頃知己を得た建築家やアーバニストに送ったところ、ウォルター・グロピウス［図20］、Team X のヤコブ・バケマ、そしてＭＩＴのケヴィン・リンチ［15］から丁寧な感想文をいただいたことをいまでもよく覚えている。彼ら、長老が若いまだ世の中に知られてもいない私に時間をかけて返事をくれるほど、いまと違って、誰にも時がゆっくり流れていたということがで

［図20］ウォルター・グロピウス、彼の自宅にて

15 Lynch, Kevin、一九一八－八四。アメリカの都市計画家、F・L・ライトに師事する。マサチューセッツ工科大学で教鞭をとり、都市空間を視覚的構造によって秩序立てようとする見地から『都市のイメージ』『敷地計画の技法』などの著作を残す

きるのかもしれない。
私のこのペーパーが多くの建築家からよい反響を受けた一つの理由は、当時誰もが建築と都市の関係がどうであるべきかについて関心をもっていたからであろう。

たとえば、建築とアーバンデザインを一つのシステムとして一体化したメガストラクチャーのアイディアは理論的にも、また実際にも実験的に実現しつつあった。確かにそれは今日あまり受け入れられなくなってはいるが、当時それはテクノロジーの進歩に信頼をおいていた時代の文脈の中では、充分一つのかたとして受け入れられていたのである。Team X のメンバーも含めて、多くの建築家たちはよりヒューマンでその地域に根差したアプローチを求めようとしたが、その彼らもまたバニョル・シュル・セズの会議でも繰り返し議論されていた、いかに多くの人々の生活を満足させ得る住居問題かという課題に逢着せざるを得なかったのである。この集合体の研究は複数の建築、あるいは建築に近いものの集合によって、いかに建築と都市の間に新しいシステムを見出すかについての新鮮な議論を巻き起こすことに寄与したかもしれない。

西方への旅で出会った数々の勝れた集落は、自然と時の流れと共に醸生されていったものであることを明快に示していた。真にオルガニックな全体の秩序とは、それぞれの独立した建築とそれを取り巻く場所の自由な生成が保証されたときなのである。そしてそれは、その後の私の集合体のデザインのあり方についての一つの指針にもなっている。

この集合体の研究で取り出されている三つの基本形、グループフォーム、メガフォーム、そしてコンポジショナルフォームはそれぞれ独立した基本形であり、一つの基本パターンが他の存在を拒否するものと思われがちであるが、そうではないのだ。

コンポジショナルフォームは他の二つのパターンよりもより自己完結形なのである。このスタディで、私は他の二つのパターンの特に外縁空間のあり方についてより詳細な分析を行うべきであったが、当時あまり実際の設計の経験がなかった私はそれを見過してしまっていたのかもしれない。しかし後年、《ヒルサイドテラス》を始め、日本では湘南藤沢の《慶應義塾湘南藤沢キャンパス》、あるいはシンガポールの《シンガポール理工系専門学校》のキャンパスデザインで集合体のデザインについて、より充分な経験を積むことができ、そこで外部空間のあり方の重要性を認識したのである。たとえばもう少し建築の独立性を強調し、意識的に弱い接続空間を与えても、時とそこの場所が弱い接続空間の変化の媒体となることなどである。さまざまなレベルにおける協調と反対が、都市との関係においてつねに生じており、その集積が我々の都市に対するイメージを決定しているのである［図21］。

［図21］三つの基本形となる集合体。右よりグループフォーム、メガフォーム、コンポジショナルフォーム

換言すればlinkage、つなぎの空間が都市の生成に重要な役割を果しているのだ。たとえば、それぞれの建築は独自の生存期間をもっているのだが、旧いものは新しいものに変えられる。都市とは無数のそうした変化によって生成されていく。そのときインフラや広場も含めて、接続空間に対する明快な指針も必要となってくる。

『集合体の研究』の第二章、ジェリー・ゴールドバーグ（Jerry Goldberg）との共著はこうした都市の中におけるオペレーションについて、無数の変更の一つを行うデザイナーの立場をより明確にしようとしている。このことは都市というフィジカルな物象と、一方進行する社会組織は独立した個々の生成の意図に依存しているものであり、そこで個々の意図が全体に寄与するものでなければならないことを強調している。

今日この『集合体の研究』は、特にアメリカの大学のアーバンデザインのカリキュラムの中で、学生が読むことを必要とされるテクストの一つに挙げられているという。すでに述べたように、私自身も《ヒルサイドテラス》を始め内外の大学キャンパスなどの実際の集合体の設計を通じて多くのことを学んできた。その一つの結果は、二〇一四年において韓国ソウルで開催されたドコモモの国際会議の基調講演にまとめられている。そこで私が強調したことは、勝れた集合体をつくるという行為は勝れた建築をつくることと全く異なることのない、それをデザインするデザイナーの与えられた問題に対する勝れた理解力とデザイン能力を必要とするということであった。

また、その後ワシントン大学のエリック・マンフォード（Eric Mumford）とセン・クワァン（Seng Kuan）（現在はハーバード大学と東京大学）の二人の教職にあるものの努力によって、二〇一六年にアメリカのパサデナにおいて群造形、集合体に関する国際的シンポジウムが開催され、その会議に参加した人々のテクストがいずれ纏められ、一冊の本になるという。五〇年を経て『集合体の研究』は、なお過去のテクストでなく現実の問題とした多くのアカデミシャン、建築家の興味の対象となっていることをここで報告しておきたいと思う。

このように二冊のエッセイから浮び上がってくるものは、私自身の中である種のヒューマニズム、すなわち都市、建築の設計理論の背後に何らかの人間との関わり合いを重視するヒューマニズムがすでに存在していたという事実である。

アーバニズムの季節を総括する

まず［図22］を見ていただきたい。横線は一九三〇年頃から一九七〇年までの五〇年間にアーバニズムと関係の深かったイベント、グループ活動などを列記している。モダニズム発祥の地、ヨーロッパが最上段にあり、その後私自身関係することが深かったアメリカはニューヨーク、シカゴ、U・ペン、ハーバード、MITで起きたことは人名を挙げながら列記している。そしてその下段に私自身と丹下の行動、日本における重要なアーバニズムに関するイベントを列記している。

そしてこの間活躍した建築家のアーバニズムに関する立場を、のちに詳細に記述するが、ひとまとめに左下に、そして右下にアーバニズムに関するこの間の重要な書籍をまとめてある。

さらに七〇年以降の重要なイベントを表の右端にまとめている。ここでは学会や識者を中心とするいわゆるオーソリティのアーバニズムに対して、市民グループから自然に湧き上がったさまざまな活動がまとめてある。この市民を中心とした活動は七〇年以降今日の持続的に発展し、私が第二章のプロフェッショナリズムで指摘する民兵の活動の基盤をつくりあげている。もちろん、一連のエコ活動もこのグループに入れてよいだろう。

どこでアーバニズムと関わりあうようになったのか

グラハム基金のフェローシップによる一九五九年と六〇年の西方への旅を契機とするメタボリズム運動への参加、そしてTeam Xの会議の参加によって当時アーバニズムに関心をもっていた国内外の建築家の知己を得たことが、さらに私個人のさまざまな活動の範囲を広げることとなった。もちろんその前に東京大学では丹下健三を、そしてハーバード大学ではホゼ・ルイ・セルトを師にもつことができたのは幸運であったことに間違いはない。

建築家同志の国を超えたつながりは、私が生まれた一九二八年にすでにCIAMが誕生したことを見てもわかるように早くからあった。否、ヨーロッパでの国を超えた交流はすでに中世の頃、勝れた石師が他国の権力階級の建築のために招聘されていた史実を見てもわかるように、歴史的なものである。

私がグラハム基金の旅を終えてワシントン大学に戻った頃、アメリカの有力な建築家をもつ大学ではそれまでにも増して大学間の人間の交流は増加していった。

特にハーバード大学のGSDでは、セルトによって一九六〇年に初めてのアーバンデザイン科が設立され、私も一九六二年に参加することになったが、図22にあるように指導教官はすべてアメリカ外に生を享けたものであり、唯一アメリカ生まれは日系二世のランドスケープアーキテクトのヒデオ・ササキ〔16〕であることがある日の教員会議でわかり、皆で大笑いしたことがある。同様にアーバンデザイン科にくる学生たちの国籍も豊かなものであった。

私が一九六四年にワシントン大学から"Investigations in Collective Form"を発表してからMITのケヴィン・リンチ、ペンシルベニア大学のディヴィド・クレインを始め、一気に交流の幅が広がった。

一方、一九五六年のハーバード大学におけるアーバンデザイン会議の詳細については別のテクストで触れているが、この会議でジェイン・ジェイコブズ〔17〕はニューヨークというまちについて、エドモンド・ベーコン〔18〕はフィラデルフィアという都市を取り上げて、具体的に彼らのアーバニズムに見解を述べていることに注目したい。特に我々日本人が東京について見解を披露するように。

そのベーコンの推薦により、フォン・モルトケが新しいハーバードのアーバンデザイン科の科長に選ばれ、またペンシルベニア大学のアーバンデザインの立役者であったディヴィド・クレインがボストンのBRA（the Boston Redevelopment Authority：ボストン再開発公社）の長に迎えられるというように、アメリカの人間の交流はいまでもそうであるがきわめてダイナミックであった。

16　一九一九－二〇〇〇。環境デザイナーとして活動しながら、ハーバード大学デザインスクールで教鞭をとり多くの門下生を育てた

17　Jacobs, Jane、一九一六－二〇〇六。アメリカの都市活動家、都市研究家。『アーキテクチュラル・フォーラム』誌編集に携わり、四〇年以上にわたりコミュニティを基盤にした都市論を展開。一九六一年に出版された『アメリカ大都市の死と生』で、従来のオーソドックスな理論を否定し、独自の視点から斬新的な都市計画原理を追求した

18　Bacon, Edmund Norwood、一九一〇－二〇〇五。アメリカの都市計画家、フィラデルフィア都市計画委員会のエグゼクティヴディレクターを勤める。著書に"Design of Cities"(1967)

一方、セルトが主催してきたCIAMに反旗をひるがえしたCIAMの有力メンバーがこの時期次々とセルトに呼ばれ、ハーバード大学で教鞭をとっている。前述した一九六一年の私のTeam Xのリポートにあるように、Team Xはその集団がCIAMに反旗をひるがえすまではよかったが集団としてのアイデンティティの確立には及んでなく、中核メンバーのそれなりの苦悩があることが伺われていた。たとえばヴァン・アイクの孤児院を始め、それぞれに代表的作品があるが、それらをある明確なマニフェストのもとに説明することはできなかった。当然拡大する都市人口に対し、いわゆるビッグナンバーにいかに対応していくか、住居問題について彼らは明確な目標を掲げてはいたのだが。

アーバニストたち

〔図22〕の左隅に当時のアーバニストたちを思想別に表記してある。もちろん建築家たちはそれぞれ独自の思想を建築についてはもっているが、ここでは彼らが特に都市デザイン、都市について語るときの姿勢について述べている。そのよい例が丹下健三であろう。彼はアーバンデザインにおいては軸性と焦点に強い関心を示している。彼の国際的なデビュー作でもある広島の《平和記念公園》のプロジェクトはスケールは小さいが、彼の関心を率直に表現している。彼のその後に、ヨーロッパでの都市デザインにおいてさらに強く大きなスケールで展開されている［図23］。

同じように、勝れた数々の建築を残してきた菊竹清訓も海上都市の提案では群として象徴的な造形に向かっている。

これに対し、私見ではセルトの都市における最大傑作として考えてよいアメリカ・ケンブリッジの中心部にある《ホリヨークセンター》は、いかにも彼のヒューマンスティックな都市デザインとして記憶に残るものであるといってよい。CIAMの教条的なデザイン空間に対して反旗をひるがえしたTeam Xの立場も空間派といってよいであろう。

視覚派として、ケヴィン・リンチ、ゴードン・カレンについても異論は少ないであろう。そして歴史派コンテクスチュリアズムを継承する人たちにアルド・ロッシ、コーリン・ロウを挙げたい。ロッシは、彼のもつヨーロッパの歴史的文脈を彼自身の建築に再生しようとしたことはよく知られている。私が東京を案内したときに、彼にとって一番印象に残ったのは東京駅中央広場から皇居に向かう光景であったことをよく覚えている。

ここで私が強調したいのは、誰が何派に属するとか属さないということではない。いま考えてみると、当時都市、都市デザインに対してさまざまな立場から彼ら自身の情熱を掲げる建築家、建築批評家、そして都市史家たちが相当な厚みを

［図23］ 丹下健三（左）と語らう筆者。東京大学では丹下研究室に在籍

もって存在していたということである。そしてたとえば、一九七〇年代にはニューヨークに立ち上げたピーター・アイゼンマンとケネス・フランプトンによるThe Institute of Architecture and Urban Studiesの月刊誌“Opposition”において、たがいに活発な議論が行われてきたのである。

現在世界の中の建築界において、こうした光景を見ることはほとんど皆無である。一方においてグローバリゼーションといいながら、こうした情況に一抹の寂しさを感じるのは私だけではないだろう。

[図22]を見ていて最も重要なイベントは、一九六七年にパリで起きたいわゆる五月革命(May Revolution)であり、それはグローバルな広がりを見せていく。私が一九六五年に帰国したのち、再びハーバード大学を数年後訪れる機会があったが、それまでと異なった建築に対する態度を見せた学生たちに遭遇する。このことはすでに私の著書『記憶の形象』(筑摩書房、一九九二年)の中の「ハーバード大学のステューデンツパワー」で述べているが、この運動は日本の大学においても安保闘争に関係して一つの時代を制するのである。私は当時在学し、現在は七〇歳前後の建築家、建築史家と偶然か多くの付合いがある。

論壇ではロバート・ヴェンチューリの‘Complexity and Contradiction in Architecture’、そしてチャールス・ジェンクスの‘The language of Post-Modern Architecture’が建築におけるポストモダンの時代が到来したことを決定的なものとした。周知のように歴史を引用した建築のポストモダニズムは短命であったが、建築における歴史性のあり方について真摯な議論がのちのアイゼンマンの"Opposition"において展開されたことは特に建築史界において有益なことであった。

しかしここに掲げた著作集には絢爛なるものがある。イアン・マクハーグの"Design with Nature"はエコ環境の重要性を指摘したはしりでもあった。そしてケヴィン・リンチの"The Image of the City"はいうまでもなく、クリストファー・アレグザンダーの"A Pattern Language"も、当時からグローバルな視野に立った都市論であり建築論であった。ここにはリストアップしていないが、コーリン・ロウの著作集も広く日本にも訳されて読まれている。残念ながら我々の『日本の都市空間』と『見えがくれする都市』は日本でしか読まれていない。しかし日本の都市空間こそ、広く英訳されるべきであると私はかねがね思っていたが、数年前、かつてこの本の中心的役割を果たした伊藤ていじがシアトルのワシントン大学に客員として教えにいったときに、この本に接した人たちがぜひ英訳を進めたいということである。しかしその後の詳細は不明である。私たちの『見えがくれする都市』も、鹿島出版会によってようやく英訳本が"City with a Hidden Past"というタイトルで二〇一八年に出版された。

現在、日本の多くの建築家たちがグローバルに活躍しているが、日本の建築、環境、都市計画の研究者たちも、世界的視野に立った議論をたとえば英訳してそれを広く世に問うという姿勢があってもいいと思うのだが。

私がワシントン大学から一九六四年に出版した"Investigations in Collective Form"は、つい最近イタリアから出版したいという申入れがあった。五〇年以上前のエッセイ集である。

もしかしたら、筆の力は建築の力よりも長命であるのかもしれない。

私にとってのアーバニズム

アーバニズムの輝かしい季節は一九七〇年代にその終わりを見たことを簡単に記述してきたが、それでは私にとってアーバニズムはどのように持続され、展開していったのか、この項の最後に少し触れてみたい。

私にとって幸運だったことは、事務所を開いた数年後、《ヒルサイドテラス》のプロジェクトにめぐりあい、その後四半世紀かかって完成した日本でも珍しいコミュニティアーキテクチャーに参加し得たことである。二〇一九年に《ヒルサイドテラス》の第一期完成から五〇年を迎えたが、現在でも施設は生き生きと利用されており、重要なことは《ヒルサイドテラス》を中心に、小規模であるがそこにコミュニティ意識が生まれ、ここを核としてさらに周縁にその活動を広げようとしていることである。

さらに集合体については国際的にも持続した関心があり、我々のいくつかのプロジェクトによってまちづくりに参加し得たが、特に重要なことは国内外において三つのキャンパスプランニングをゼロから体験し得たことである。特に《シンガポール理工系専門学校》のキャンパスは、教育方針がイギリスで始められたProblem Based Learning（ＰＢＬ）という従来の教室中心の教育方針でないために、従来の施設並置型と全く異なったかたちのその集合のあり方をもったキャンパスとなっている。また、《東京電機大学北千住キャンパス》の低層階部分は、周縁住民と共有し得るゲートのないキャンパスとして、さまざまなかたちで周縁とのまちづくりに参加し得るようになっている。

一方、著作も一九九〇年以降のエッセイの多くはアーバニズム、特に東京のアーバニズムについて述べている。

私が積極的に、その中にはもちろん依頼も多くなっていったが、雑誌その他に寄稿し始めたのは一九六〇年代、三〇代の終わりであった。当時の黒川紀章氏や磯崎新氏に比較すれば、かなりおそまきだったともいえよう。

しかし建築作品をつくるのと異なって、そこには異なったかたちで社会へ自分のさまざまな意見を問いかけるという楽しさを次第に身につけていったのも事実である。

それからちょうど半世紀、五〇年を経て、自分自身で建物をつくる歓びと、自己のプロジェクトを超えた広がりの中で建築について語る楽しさはいまも変わらない。それは車の両輪のようなもので、書くことによって自分が何をつくろうとしているかということがよりわかってくるし、またつくることによって何を書かなければならないかということへの視野も広がってくるのだ。

これら六〇年代から書き始めた多くのエッセイは、その後『記憶の形象』（筑摩書房、一九八九年）から始まって『漂うモダニズム』（左右社、二〇一三年）など何冊かの著作、エッセイ集におさめられている。それらの中を拾い読みして気がついたことは、いくつかのテーマにはそれなりに分類し得るのではないかという思い、それが今回の著作集の章構成となっている。

第二章　アーバニズムのいま

アーバンデザイン会議'56、その後意味するもの

このエッセイはハーバード大学のアーバンデザイン会議が五〇周年を迎えるにあたって、大学より求められて書かれたものであり、その会議で展開されたさまざまな課題のうち、何が今日的意義をもち続けているか、またどのように再評価しなければならないかを明らかにするのが主眼であった。

私自身の視点は当然、私の故郷であり現在も仕事の場である東京を中心とした日本からの視点である。しかし同時に今日、世界中どの地域社会であれ、国家であれ、政治、経済、ライフスタイルにいたるまでグローバリゼーションの影響は免れない。建築・都市の建設に関わるアーバンデザインの領域においても、資本、情報、欲望に国境は存在しなくなっている。それは新しい関係性の増大を意味する。しかも関係性はかつての先進国＝後進国のように非可逆的なものでなく相互的である。ニューヨークに一〇〇軒以上のすしバーが出現し、東京の郊外でスパニッシュ・コロニアル風の住宅の売行きがよくても誰も不思議に思わない時代なのである。したがって東京の都心地区の様態、コミュニティの生成、大量交通機関の機能を論じることは、アメリカ、ヨーロッパ、あるいはアジアのメトロポリ

57頁　4WTC（ワールド・トレード・センター）から見たニューヨーク

スに生じている同じ事象を比較、分析することによって初めて、それらの意義がより客観的に理解されるのだ。ちょうど比較文化人類学と同様に、都市学においても特定地域と汎世界的という二眼レフ的視点が不可欠になってきている時代なのである。

私の論を進める前に、日本のある都市学者の著書『不完全都市』の序文の一部を紹介したい。

著者平山洋介［1］は一九九五年に震災に遭遇した日本の神戸の復興、ニューヨークのロウアー・マンハッタンの住居地域のここ数十年の変遷、ベルリンの第二次世界大戦後の東西分割と再統合という、全く異なった三つの都市の全体あるいは部分の破壊／再建という文脈の中から、現代都市に共通する一つの様相をこの本で指摘している。

破壊と再建は交錯する。神戸の復興は過去の空間を再現せず、それとは異なる空間を生み出した。マンハッタンでは美麗なランドスケープが出現し、低家賃の住む場所が消失した。ベルリンの統一が招いたのは、どの記憶を救い出し、どの記憶を消し去るのかという論点であった。何かを再建する作業は別の何かを破壊する。

都市は不完全な空間として存続する。都市空間の条件とは、そこに住む人間の数が多い、ということである。多数の人間が集まれば、社会が生まれ、政治が勃

1　一九五八年兵庫県西宮市生まれ、神戸大学大学院人間発達環境学研究科教授、専門は住宅政策、都市計画。著書に『住宅政策のどこが問題か』『都市の条件』など

興する。都市を建設し、あるいは改造しようとするとき、その場所のあり方をめぐって多数の声が発せられる。中央政府、地方政府、政治家、ディヴェロッパー、投資家、企業、地主、借家人、エリート、貧困者、建築家、社会運動家……は相互に異なる欲求をもっている。空間の変成と再発明は複数の声と欲望が絡み合う中で継起する。都市の場所に特定の定義を植えつけ、完全かつ純粋な空間を完成しようとする試みは必ず抵抗を招く。

壊れた都市は〈競合の空間〉を呼び起こす。誰が、誰のために、何のために、何を再建するのかという問題は、社会、政治的な競合関係を誘い出す。消失した建築物の跡地は無垢の更地ではない。その場所は誰の場所なのか。そこに何を建設するのか、新たな建築は何に貢献するのか、という一連の問題が摩擦の力学を駆動する。

都市再生のために都市計画、住宅改築、建築規制、再開発法など多岐にわたる技術が動員される。この技術を脱政治化した中性の領域の中に位置づけようとする考え方がある。そこでの中心課題は技術の工夫と洗練である。しかし都市の場所に構築すべき定義は所与の要件ではあり得ない。技術すらも摩擦の力学から逃れられない。

〈破壊／再建〉の経験が提供するのは〈競合の空間〉を取り巻く多声をどのように尊重すればよいのか、という問いかけである。都市は不完全である限りにおいて、そして不完全であるからこそ、何らかの特定の方向性が強調されるときに、それへの異議と挑戦を呼び出し、新たな可能性に向かって開かれる。都市が人間の多数性を条件として成立しているのであれば、すべての人々が〈競合の空間〉に現れる権利を保持してよい。多声に対する寛容こそは都市の特性である。

CIAMのアテネ憲章［2］が目的とした理想的都市像から、半世紀後、我々はかなり遠い地平に浮き上がる新しい都市像をそこに発見するのである。

2　一九三三年、CIAMで採択された都市計画の原則。居住、労働、レクリエーション、交通の四つの機能を都市計画の基本とした

アーバンデザイン会議'56が残したもの

一九五六年という年は、私がアメリカに留学して四年目にあたる。その頃私はハーバード大学におけるポスト・グラデュエート・プログラムに在籍していたために、幸運にもこの会議に出席する機会を得た。その後一〇回以上にわたって継続的に行われたこの会議に幾度か参加する機会をもったが、五六年の会議は最も印象深いものであった。なぜだったのだろうか。

第一に、リチャード・ノイトラを始め、建築・都市の第一線で当時活躍していた錚々たる人々が一堂に会し、彼らのつくり出す圧倒的な雰囲気が当時まだ若い私にとって印象的であったからであり、第二に、彼らにとっても、アメリカでこのような会議が初めて行われたという、新しい歴史の幕開けに参加した者だけが

分かち合い得る共感に支えられたイベントであったからである。特に私に強い印象を与えたのは、フロアーから発言したジェイン・ジェイコブズのニューヨークの近隣地区の崩壊を危惧する熱烈な訴えと、フィラデルフィアの都心地区再生計画を説明する痩躯のエドモンド・ベーコンから伝わるエネルギーであった。五〇年後、人間の脳裏に残るのは往々にして言葉ではなくヴィジュアルな姿なのであった。

ここで私なりに、現時点においてこの会議は歴史的にどのような意味をもったものであったかを集約しておきたい。会議は特に次のような点においてきわめて時宜を得たものであった。

一、それまで特にアメリカでは使われることの少なかった〈アーバンデザイン〉という言葉が初めて使用され、この言葉がこの会議以後都市の三次元的空間形成のデザインにおいて重要な学際的な領域として認知され、定義され（もちろんその後、そして今日も再定義されつつあるが）、やがて多くの教育機関のポスト・グラデュエート・プログラムに採用されていった。

二、この会議の主催者であったホゼ・ルイ・セルトにとって、当時分裂・消滅の危機に瀕していたＣＩＡＭ―彼はかつてそこの代表であった―の思想と実践の基盤をここに移し換える絶好の機会でもあった。その後、ＣＩＡＭの次の世代を代表するTeam Xのメンバーとアメリカのアカデミーとの新しい交流のきっかけをつくっていく。特に先に述べた各大学の新しいプログラムは欧米以外、アジア、南米、中東などから多くの学生を迎え入れ、帰国した彼らがそれぞれの地域で新しい拠点をつくり始めた。特筆すべきは、近年こうした大学間のワークショップを通じて恒常的な関係が育まれていることである。さらにホスト機関の都市をワークショップのテーマに採用することにより、学生たちにアーバンデザインに対する新鮮な視点を提供しつつある。たとえばイタリアの建築家ジャンカルロ・デ・カルロ［3］は当時ＭＩＴとＵＣバークレー校に招かれていたが、その後彼とドンリン・リンドン［4］が中心になってシエナで夏期ワークショップが続けられてきた。また二〇〇一年韓国釜山の大学で若い研究者を中心に、国際都市デザイン・ワークショップが開催された。またここ数年、ＧＳＤと慶応大学の協同で東京改造のワークショップがもたれている。一方ＷＵ（ワシントン大学）も二〇〇四年に東京スタジオを設け、日本の大学の多くが支援している。

三、一方アメリカ内部においても、その頃アカデミーと各都市の建築家、都市計画家、行政官、ディヴェロッパーたちの間に異なった専門領域での活発な交流が行われる時期を迎える。そこには偶然とはいえない歴史的背景も存在した。すなわちニューディール以降進められた積極的な公共住宅政策の挫折、ベビー・ブーマーと郊外の発展、都市中枢部への移民の流入などは、都市問題を彼らが総括的に再考していかなければならなかった問題でもあった。

3　Carlo, Giancarlo de、一九一九–二〇〇五。イタリアの建築家、都市計画家。ＣＩＡＭメンバー時代にTaem Xを設立、アメリカのイェール、ハーバード、マサチューセッツ工科大学で客員教授として建築計画、都市計画を指導する。雑誌“Spazioesocieta”編集長も勤めた

4　Lyndon, Donlyn、一九三六–。一九六二年、カリフォルニア州バークレーで結成された建築家グループＭＬＴＷの一員。ＭＬＴＷは人間の存在を示唆し、その相互作用の促進を図ることで空間の活性化を実現しようとした。メンバーそれぞれ独自の展開をみせ、リンドンは特に建築教育に深く関わった

この会議で注目されたいくつかの課題の中で、五〇年後の今日、汎世界的に討議することが有効な課題は何かといえば、一つ目は都心地区とは現代の都市にとってどのような意味をもつかということ、そして二つ自には、都心地区と同様に今日の都市においてコミュニティはどのような意味をもつかということであろう。

あえて都心地区の再生、あるいはコミュニティの育成という言葉を使わなかったのは、果たして再生とか育成が今日可能であるか否かだけでなく、そうした行為の可否すらが問われているのが現代の都市、メトロポリスの特性であるからである。そしてその背後に五六年の会議においてもすでに指摘されているように、都市住民の間に広がる非平等性、自動車を中心とした都市化、あるいは非都市化の問題が当然存在したのである。

五月革命とベルリンの壁の崩壊

過去の五〇年を振り返るとき、この二つの事件はそれぞれ六〇年代後半、八〇年代後半という、我々都市に関わるものにとって、思考と実践の現実という二つの場において重要な転換期をそれぞれ象徴する時期に起こった。二つの事件は津波のように劇的にやってきたのだ。

パリに発した五月革命は、その頃前後して起きつつあった全世界的な学園紛争、またアメリカにおいてはベトナム戦争との関連と切り離して考えることはできない。ここで人々は既成の体制と、思考の形成をゼロから再考することを強いられた。その頃は、私が長かったアメリカの大学を中心とする生活に終止符を打ち、東京で新しい設計活動を始めた時期とも一致する。一九六五年のことである。しかし二年後の六七年に再び客員としてGSDに一時期帰った私は、二年前と全く異なった人種の学生たちと出会うことになる。彼らは我々が用意したプログラムを拒否し、プログラムそのものの共同提案から作業を始めることに固執した。たとえ高い月謝を払ってきたとしても、その見返りにそこそこのアーバンデザインの技術を習得することよりも、彼らにとって〈アーバンデザイン〉の今日的課題は何かということを果てしなく議論することの方がはるかに重要であるという姿勢を貫こうとした。今日こうした学生をどの大学にも見ることはできない。

しかし、先に引用した平山洋介の序文の中の「〈都市の〉すべての人々が〈競合の空間〉に現れる権利を保持してよい。多声に対する寛容こそは都市の特性である」という部分を改めて想起したい。六〇年代、大学のスタジオはまさに彼のいう〈競合の空間〉であったのだ。そして九・一一以降、ニューヨークのダウンタウンの再建の過程において、多数の声が参加する作業の実態が生々しく写し出されている。

多数の声の参画は、この時期我々の都市への認識に大きな変革を与える要因となった。それはかつての集落や小さな都市にも存在した、記憶と意味が集団によって所有された都市像が、特にメトロポリスでは次第に漂白されていく時期に符合する。そして意味の漂白化は認識のレベルにおいて都市の抽象化を促す。

今日、メトロポリスに住む市民の一人ひとりは、自分だけの都市像を構築し所有している。自宅の周辺から始まり、彼らにとって家族的な場所群によって構築されたそれぞれの都市像がまず存在する。そしてメディアを通じて獲得された漠然と抽象化されたメトロポリスの全体像が、その上を雲のように覆っているにすぎない。

都市の抽象化は同じ六〇年代、ケヴィン・リンチの『都市のイメージ』に象徴される。この本が出版された当時、私も新しい都市の認知のあり方として熱い視線を彼のスタディに送った一人だが、このテクストは、まさに都市を記号化=抽象化する先駆けでもあったのだ。今日、時間・地理学において個人が日常的に活動のできる環境の広がりは、ある時空間上の広がり、すなわち日常的プリズム（daily prism）として与えられる。それは歴史的なものの深みが完全に消去された〈現在〉の広がりとしてのみ存在する［図1］。

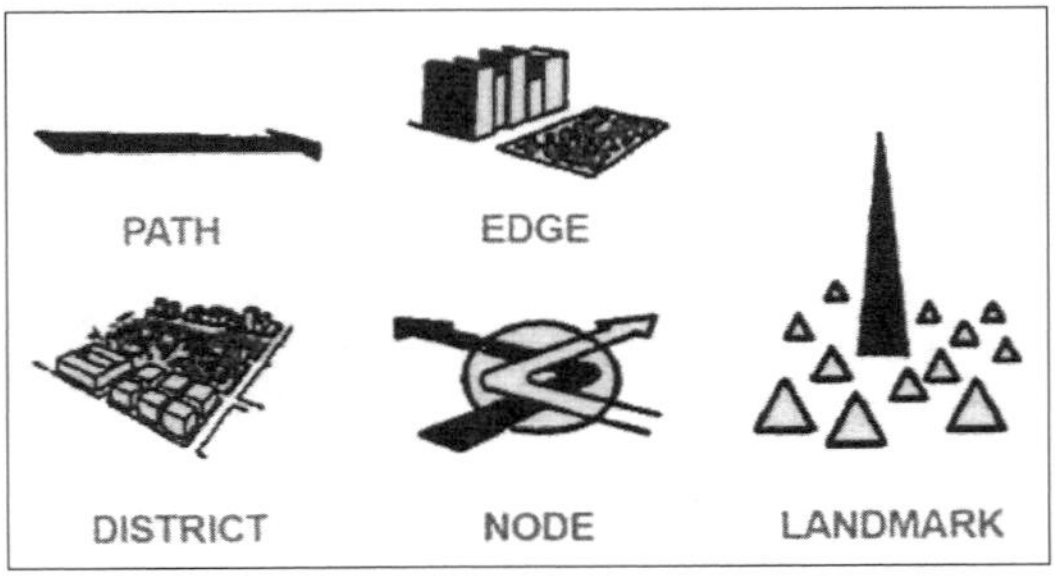

［図1］『都市のイメージ』に象徴される都市の抽象化

同じリンチがＭＩＴの同僚ロイド・ロドウィンとともに提案した近未来都市モデル

多焦点都市（Multi Center Net）は今日、多くのメトロポリスにおいて現実のパターンになりつつある。もはや都心でなく、さまざまな都市のサービスを提供する多くの焦点は多様な市民生活の展開の中での選択のオプションにしかすぎず、その形態もまた多様化しつつある。

それでは二つ目の課題である都市のコミュニティは、どのような現実の中でその存続の可否が問われているのだろうか。

五〇年前、我々が無意識のうちに共有していたコミュニティ・モデル、すなわち住居と近隣施設を中心に経時的に安定した空間群というイメージは、現実に消滅しつつある。その最大の要因は都市の住民間の地理的流動性と、それを促進する市民間の非平等性の拡大と、資本による土地の市場化の増大である。八〇年代の終わりのベルリンの壁の崩壊はこの傾向、特に資本による都市の市場化を汎世界的に加速した。ベルリンの壁の崩壊は周縁地域の人々に新しい自由を与える契機となったが、一方、国家社会主義というクラッチが消滅することによって国境を超えた資本、情報、欲望の拡大を一挙に促すことになった。またそれまでは共産圏の中での最大の仮想敵国であったソヴィエト連邦の消滅は、中国経済の自由化を促進し、瞬く間に世界市場のバランスを塗り替えるまでにいたっている。

摩擦の力学は、住みわけのコミュニティとそこに接するコミュニティを不安定なものとする。五六年の会議において、ベーコンが情熱を込めて語ったフィラデルフィアの都心地区の周辺は、現在アメリカの大都市の中でも廃墟も含めて最も風化しつつある地区である。これこそ歴史のアイロニーともいうべきか。同じ現象はデトロイトにもロサンゼルスにも起きている。そして一方において、これらの都市の中で要塞化されたゲーテッド・コミュニティが全米的に広がりつつある。

コミュニティの形成と維持はアーバンデザインの核となる技術であった。しかしそれはあるレベルでの安定の基盤があって、初めて術として成立する。現代の社会において成立基盤は千変万化であり、一つの術は他において通用しない。それは次に詳述する日本の都市においてもあてはまるのである。私見では、計画的なコミュニティの育成に成功した例は、アジアのシンガポールや、西欧を中心としたひと握りの都市群にしか見ることはできない。成功しているといわれるヨーロッパの都市群においてすら、ＥＵの拡大に伴う都市間・地域間の移住の増大、先住民との教育格差の拡大、雇用の流動化というグローバルな現象の中でデリケートなサスティナブル・コミュニティをいかに維持していくかについては、将来がけっして容易なものでないことは彼らも認めているのである。そしてその対極に、全くスケールの異なった「もつもの」と「もたざるもの」に二極分解する発展途上の地域の巨大なメトロポリス群が存在する。あるいは一六〇〇万人の人口のうち、市民権をもたない五〇〇万人がその発展を維持するという異常な就労構成が拡大する上海という都市がある。

一方過度の資本の集積は、たとえばアラブ首長国連邦のドバイにおいて四〇万平方メートルの床面積をもつショッピングモールや高さ八〇〇メートルを超える超高層ビルなどの出現を促した[図2]。これらの巨大施設は、都市を内部から破壊する異形の細胞群と考えてよいだろう。意味が零度まで漂白されたところへの資本の過度の投資は、SF映画に現れる未来都市を幻視させるのである。もしも五〇年前、アーバンデザイン会議が目指した目的が都心部とコミュニティとの間のバランスのとれた空間の姿の追求であったとするならば、こうした一連の特異な都市現象は、その努力を嘲笑うかのように出現しつつあるのである。

東京のアーバンデザインの光と影

都市形態学的に見れば、東京は世界のメトロポリスの中でも最も特異な都市である。もちろん、どのメトロポリスもそれぞれ独自の性格をもっているのだが。ひと言でいうならば東京は密実な葡萄状都市である。その葡萄の粒はきわめて小さく、同時に変化に富んでいる。そして葡萄の房をつなぐ枝は、多くの場合房の中

[図2] ドバイの超高層ビル《ブルジュ・ハリファ》、エイドリアン・D・スミス、二〇一〇年

に隠れてしまって見えない。人口一三〇〇万の大都市がこのような形状の中で、ある安定した秩序を維持しているメトロポリスは世界にない。そしてその粒子群の機能・行動を考慮に入れれば、これまたアテネ憲章が目指した明快な都市秩序の対極にある。

なぜこのようなメトロポリスが生まれたのだろうか。その要因として、東京は近代化が進んだ一五〇年間、それ以前江戸時代にすでに築き上げられた主として地形に基づく複雑なパターンの上に、震災も含めた多くの外的要因を利用しながらも、つねに部分的な加工・修正の限りなきオーバー・レイによってつくり出された組織体であったからである。

一方、日本は世界第二位のGDPを誇りながら、きわめて貧富の差の少ない社会をつくり出すのに成功した数少ない近代国家である。さらに均質な人種、宗教社会と相まって、たとえさまざまな原因によって粒子の細分化が進み、その結果として粒子間の境界線が増大したとしても、それがただちにすでに指摘した境界摩擦をつくり出さなかったという特異性がある。貧富の差の大きい社会では境界摩擦を最小化するために、逆に住みわけの単位は限りなく大きくなっていく現象を引き起こしてきた。アメリカの都市はそのよい例である。

もう一つのメトロポリス東京の特異性は、リンチとロドウィンが提唱した都市モデル、多焦点都市が最も顕著に実現した例であるということである。そのパターンは多焦点都市というよりも、むしろ星雲都市といったほうがふさわしい。そして無数の焦点はインナーシティ〔5〕地域では世界に例を見ない密実な地下鉄網と高速鉄道網によって連結され、一三〇〇万人のメトロポリスとしての機能を維持している。これらの公共輸送網は高頻度のオペレーションと正確な時間制御、清潔性、安全性、多様なサービスの提供において世界に類を見ない。

これらはアーバンデザイン・東京の光の部分である。それでは影の部分は何であろうか。

まず第一に挙げなければならないのは、日本の近代化の過程において東京を含めてほとんどの日本の都市が、住居を中心とした社会資本の集積を基盤とした都市づくりに失敗してきたことである。個々に優れた、あるいは面白い建築はあっても、それらはほとんどが特異点として存在するにとどまり、全体の都市美に参加していない。さらに細分化された狭隘な土地と、その上に建てられた住居群は、市場としての地利に恵まれないものからトラッシュ（trash）化が始まっている。

第二に日本は世界第一の長寿国であり、同時に少子化による人口の減少が進行中である。その結果住宅はすでに余っている。そして質の悪いものからトラッシュ化が加速されている。

第三にこれまでの行政機関の都市計画上の無策と相まって、大都市では国際金融資本も含めて、さまざまな規模の開発が盛んになり、先に述べた住みわけの均

5　inner city。大都市中心部周辺に散在する住宅や商店、工場などが混在する地域。ヨーロッパのゲットーのような「都市近接低開発地域」、都市の中心にありながら治安が悪いため交流が閉ざされた低所得層が密集する「都心近接低所得地域」などが問題視されている

衡パターンが部分的に崩れ、これまで日本の都市で経験したことのなかった摩擦がそこから発生しつつあることである。

これらの負の現象は大量公共交通機関が充分でなく、車への依存度の高い人口二〇万人以下の地方都市に特に著しい。多くの市の中心部の旧商店街は郊外のショッピングセンターに商圏を奪われ、シャッター街と化しつつある。それとともに中心部の空洞化、荒廃が加速している。ここでも既存のコミュニティは破壊されつつある。

アーバンデザインとは何か

日本、東京を例にとりながら、私はそれぞれのメトロポリスのほとんどすべてが不完全都市でありユニークであることを述べてきた。そして今日、たとえきわめて限定された領域のアーバンデザインを考えるときにも、ミクロにはきわめて特殊な条件と文脈のもとに、そしてマクロなレベルでは地域、国家そしてグローバルな現象にもどこかで関わりあっているという認識をもつことが、思考のレベルでつねに必要であることを示してきた。

しかし現実のアーバンデザインはいかに与えられた文脈が複雑であっても、またかりに前述したようなさまざまな思考が必要であったとしても、定められた時間と予算とプログラムの中で、その三次元空間への解釈が要求される一つの術であることには変わりはない。いまもう一度、「アーバンデザイン会議'56」におけるセルトの発言の中で特に注目すべき部分をまとめれば次のようになる。

「アーバンデザインの中心には人間がある。それは特定の人のためではなく、市民のために、また市民とともにつくられるものである。人々がまちの与えられた場所場所について、何を感じ、何に感動するかについて我々は熟考する必要がある。そして好ましき場所の実現にあたっては、想像力と美的なセンスが要求されるのである」。

ニューヨークに完成した《MoMA》（ニューヨーク近代美術館）が話題になっている。建築家は谷口吉生である。その洗練されたモダニズムの表層はこれまでつくられてきた歴代の《MoMA》の表層群と庭園を尊重しながら、既存のニューヨークの都市に新しい文脈を与えるのに成功している。そして《MoMA》の内部を経験した建築家、批評家、アーティスト、そしてほとんどの市民が、その空間体験に感動し賞賛している。《MoMA》の建築的要素は徹底的に中性化され、人々は素晴らしい数々のアートと、時に垣間見るマンハッタンの風景の断片と、そして内部空間をめぐる人々がつくり出す情景の中で同じ体験者として感動するのである。

ある批評家は《MoMA》はこの一〇〇年間、ニューヨークに出現した最も優れた建築である、と述べている。私はむしろ最も優れたアーバンデザインといいたい。ここにまさにセルトの述べたアーバンデザインの精神が具現化されているのではないだろうか。

《MoMA》は多くのニューヨーカーにとって精神の聖域でもある。新しい《MoMA》はニューヨーカーが皆漠然と心の中にもちながら、自分たちでは視覚化、空間化し得なかったものを見事に提供した。自分たちが潜在的に欲していたものを発見したとき、人々は感動した。それはビルバオの《グッゲンハイム美術館》で体験するのと異なった感動なのである。時代と地域が望んでいた集団の無意識に応えているものがそこにあった[図3]。

《ヒルサイドテラス》が数十年にわたって普通の人々に親しまれているのも、またこうした集団の無意識に応えているものがそこにあるからかもしれない。そのとき、都市空間や建築空間は真の公共性を獲得したといってよい。ヴィトルヴィウスの唱えた建築の三原則〈Utilitas〉〈Firmitas〉〈Venustas〉の中の〈Venustas〉は歓びと理解することができる。歓びは、あらゆる時代と地域の人間そして動物に共通に存在し、歴史的に伝えられてきた貴重なＤＮＡである。このエッセイの大部分を費やして私は、半世紀後我々が直面しているアーバンデザインが、いかにより複雑化し実現も困難なものになってきているかを述べてきた。しかし、人間が根元的に求める歓びは昔も今もそれほど変わらないという事実は、

[図3]《MoMA》(ニューヨーク近代美術館)、谷口吉生、二〇〇四年　写真＝戸室太一

我々建築家・アーバンデザイナーにとって明確な目標を与え力づけてくれるのである。

現在の都市二〇一九

私がこの文をしたためている二〇一九年現在における世界の都市状況をどう見るかが必要なのではないだろうか。

当然、人口の規模、歴史的背景、近代以降の政治、経済の様態、場所性を背景としてその情況は千変万化である。この前の項で述べている中で、平山洋介の言として取り上げている〈競合の空間〉を取り巻く多声がつくり出すダイナミックな流体としての都市情況が、現在の、そして将来のその都市の動きを決定していくことはほぼ間違いない。ここで都市はもはや個体ではなく流体であるという共通認識をもつことが、きわめて重要であることを強調しておきたい。

それでは多声とは誰の声なのであろうか。そこには無数の地権者も含まれる個人から始まって、コミュニティあるいはボランティア組織の声、そして州あるいは市を頂点とする数多い行政機構の抑止と介入、さらに国際金融資本を頂点とする投資活動、あるいは単純な点的投資による建築の代替化、これらが刻々と都市の様相を変貌させていく。

すでに多くのところで触れられているように、一九九八年のベルリンの壁の崩壊とソヴィエト連邦の消滅後、二一世紀に入り国際的な資本の流動化とネオリベラリズムの台頭はメトロポリスの中心地区に大きな変貌を推し進めている。東京もその例外ではない。

しかしアメリカのメトロポリス、たとえばニューヨークのダウンタウンにおけるジェントリフィケーションはチェルシーを始めグリニッチヴィレッジに地域的な変貌を起こしている。つまりかつてそこに住んでいた人たちは高家賃に耐えられず、どこか安いところに移動しなければならないのだ。

この現象はより広く見れば、ここ一〇年、格差社会が世界的にも顕著になってきたことによる人口の流動化である。格差社会の下層にあるものは絶えず流浪の民化していくのである。それはけっして都市の安定に寄与しない。ここで今年の『公研』の二月号で津上俊哉［6］は興味ある格差問題について所見を述べている。第一に世界経済は長期的に見れば年平均一パーセントを下回る成長しかしていないが、資産の収益率はいつも五パーセントあり、それが資産家の冨は早く増加し貧富の格差は拡大方向にある。そして二〇世紀だけが例外的に二度の世界戦争、戦後の各国の急成長、人口増加により、貧富の格差が減少したとしている。つまり二一世紀社会は二〇世紀のそれではないという予見。

欧米諸国ではさらに移民の流入という、間違えれば政治化問題となる都市群では加速する都市行政の難しさを浮彫りにしている。

6　一九五七－。現代中国研究者、経済評論家。通産省を経て二〇一二年以降、津上工作室代表。著書に『「米中経済戦争」を読み解く』（PHP研究所）などこの格差社会の増大は後述するように若者から老人までの孤独化を推し進め、特に人口減少、高齢化社会に直面する東京のような大都市ではこれが負の遺産になっている。

一方、スペインの地理学者フランセスク・ムニョスはメトロポリスの中心部において、テリトリアン化が顕著であることを指摘している。彼のいうテリトリアンは郊外、あるいはさらに遠くから一定の時間中心部で働くために通ってくる人々、来訪者、観光客などを指す。彼らによってメトロポリスに支配される時間帯も多くなっている。

かつての個体の都市ではそこに人が住み、働く場所であったが、流体都市はもはやそうではない。

私がこの章の最初に触れた何人かのアーバニストたちの議論も、ある程度都市の流体化は抑制し得るという前提においてであった。たとえば、一つの中心をもった同心円都市に対する多焦点都市の必然性を議論する時代があった。しかし東京はもはや多焦点都市というよりも細粒都市であるといったほうがよいほど、都市が微分化されてしまっている。このように都市の流体化を前提として、なおグローバルな視点から、東京の細粒都市のように特性をもったいくつかの都市群を見出すことはさほど難しいことではない。それは興味のあるスタディの対象になるのではないだろうか。

それでは都市全体のマスタープランあるいはマスターイメージは、流体化する都市群の中ではどうなるのだろうか。その点、パリはよい例の一つであると思う。周知のようにナポレオンⅢ世のもと、バロン・オスマンによってつくられた長い軸線と焦点となる重要建築施設の組合せによって、一九世紀にバロック都市パリの中心部が完成している。その完成のためには、都市変革に対する特に知識人からの反対があったことも明らかになっている。しかしここに一つの現実がある。そしてその景観を維持するために、パリの中心部における建物の高層化は許されなかった。高層化は中心地区から少し離れたラ・デファンス地区に与えられた。

確かに最近現市長の裁断によって、非高層化地区に一本の超高層ビルがスイスの建築家ヘルツォーク&ド・ムーロンによって建てられようとしているが、強い批判も浴びている。しかし一方、パリはさらにその外縁地区にラ・デファンス的ないくつかの建築拠点を実現することを発表している。東京のように一部の高速道路化、数百メートルの日本橋上部の道路の地下化くらいしかメディアの話題にしかならない東京のマスタープランと比較するとき、パリのそれはつくるほうもそれを許すほうもスケールが大きいというか、爽快なところがある。都市文化に対する認識の相違というものなのであろうか。

しかし日本も歴史的にはよい都市文化・都市景観をもっているところがある。それは京都の北部である。

中国の都城の形式を踏襲した平安京には城壁がなかった。それだけではない。周縁の山河の風景を愛でるために、その城壁のない都城を盆地に置いたのである。それは防備に弱く、確かに多くの内乱を招いた歴史こそあれ、現在この部分は豊かな緑をもった数々の社寺を含む名跡、文化施設のゾーンが外縁部をつくり、その背景に美しい山河が見えている［図4］。内部が少々高層化、テリトリアン化しても、京都駅以北のこの部分の全体像は日本でも最も勝れたゾーンとして保持され、人々に愛され続けられることは確かである。

先に流体化する都市という表現を使ったが、流体化とはあくまで比喩的な表現であり、都市そのものは個体の集合であるという現実は変わらない。

ここで平山洋介のいう〈競合の空間〉を取り巻く多声について考えてみると、多くのメトロポリスにおいては、二つの大きな声を発見することができる。その一つの大きな声は巨大な建設投資を推進する金融資本を背後にもった声であり、時に公共機関も〈特区〉というかたちでシステム的にそれを推進していこうとする。その象徴的な例として中国の深圳は二〇年前は単なる漁村であったところが、現在一三〇〇万人を超える巨大都市にまで発展している。

それではニューリベラリズムのある特定の場所、場所に対する過度の投資は本当に我々の都市、特にメトロポリスの都市生活を豊かにしているのであろうか。それに対し先に触れたフランセスク・ムニョスは彼の著書『俗都市化』において、

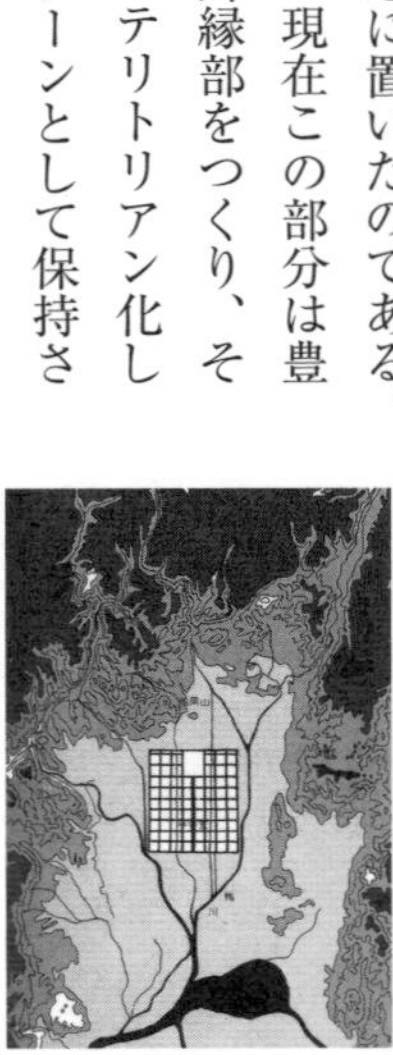
［図4］中国の都城形式を踏襲した平安京

大資本による都市、特に中心部に対する投資は必ずしも都市の空間文化に寄与していないし、逆に本のタイトルにあるようにどこにあってもよい空間、姿の俗化を増大しているのではないかという痛烈な批判を展開している。そこではそれぞれのもっている都市の歴史的アイデンティティを守っていこうという姿勢よりも投下資本に対する勝れたリターンが追求され、その結果市場性の高い空間が反復的に生産されていくのである。

『俗都市化』にも触れているように、私が思い浮かべるのは大都市のウォーターフロントである。かつてのウォーターフロントは誰もがどこまでも水際を逍遥し、刻々と変わる海、そして内陸の風景を楽しみ得るところであった。私が住んでいたボストンのウォーターフロントの一隅には小さなバーがありドライマルティーニを飲みながら、そこから夕刻の海の風景を楽しむことができた。いま、そのバーはもちろんない。そして高級なマンション群が海の風景を独占し始めているという。おそらく、東京湾に面する海辺も同じような光景を見せているに違いない。もちろん絶えざる埋立地の境界線は水際線そのものを変えていくのだが。

そして時に巨大資本は対象物件の巨大化を促す。そのよい例が巨大空港である。そこで税関内は国籍のない地帯であり、来るものも去るものも、無感覚に目的地点に誘導されていく。一九五〇年代、かつて私がアメリカから帰国し、飛行機のタラップを降りてくると、迎えの家族の笑顔が待ち受けているヒューマンなシーンはもはやない。もちろん駅や空港での別れのシーンも昨今の映画には登場しない。

巨大なモール、そして巨大なアウトレット。たとえば軽井沢のアウトレットはそのよい例である。東京から一時間ちょっとで、軽井沢駅のすぐ近くにある巨大なアウトレットに若者たちは直行する。それは軽井沢という旧い避暑地の風情とは全く無関係の巨大な吹出物のような施設なのである。

そして巨大な郊外モールは、まちの中心部の小店舗を駆逐していくという負の遺産を残していく。しかし背後にある資本が巨大であればあるほど、小さな反対の声はかき消され勝ちである。

そしてムニョスが指摘しているように彼らの手によると、大きな文化施設すら、ディズニーランド化しているという。

もちろんネオリベラリズムがすべてムニョスの批判の対象になるものではない。その中には都市の発展に寄与しているものもたくさん存在する。我々は客観的にその是々非々を認識していかなければならない。そこでは時が価値判断の重要なパラメーターになってくることは間違いない。

それでは上からだけではなく、下からの動きについても次に触れてみたい。そのためにはここで二〇一六年の建築のヴェネチアビエンナーレにおいて日本から出展し、銀賞を獲得したキュレーター山名善之（東京理科大学教授）が選んだ

［図5］《ヨコハマアパートメント》オンデザイン・パートナーズ（西田司＋中川エリカ）、二〇〇九年　写真＝鳥島鋼一

［図6］《LT城西》、成瀬・猪熊建築設計事務所、二〇一三年　写真＝西川公朗

［図7］《食堂付きアパート》、仲建築設計スタジオ、二〇一四年　写真＝仲建築設計スタジオ

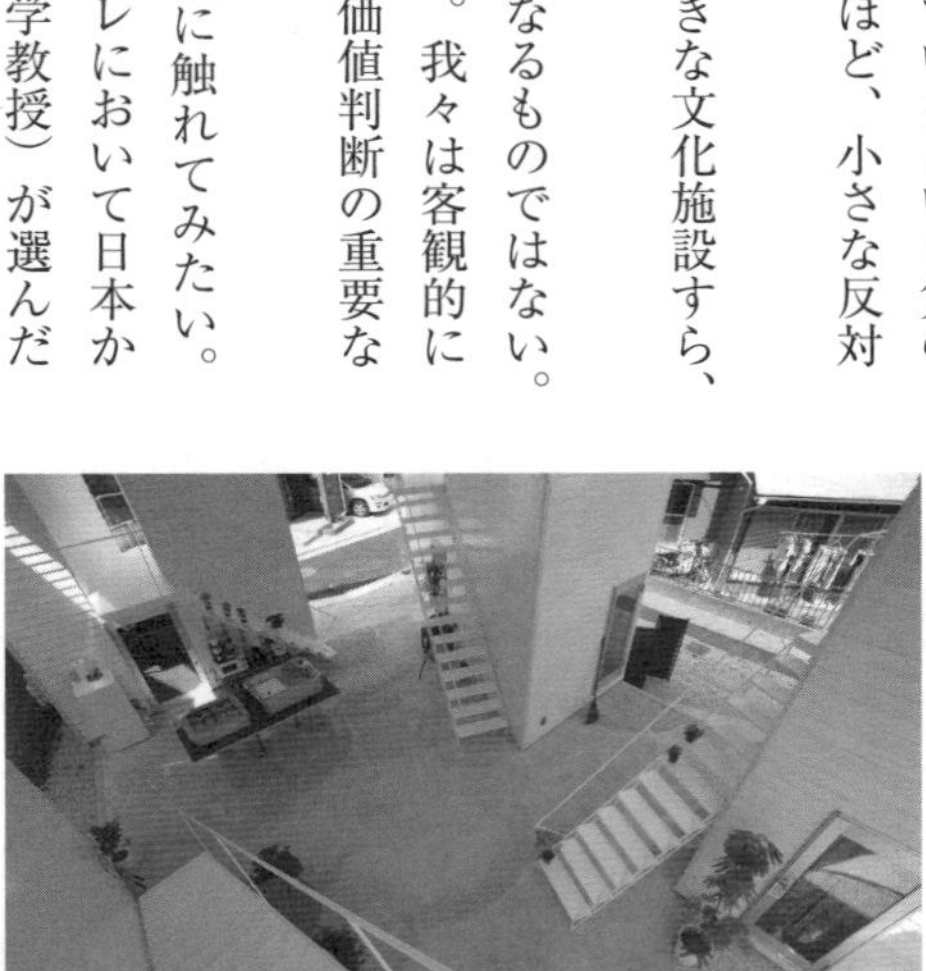

一群の若い建築家の作品に注目したい。彼の言によれば彼らは何らかの旗印のもと、モダンムーヴメントに見られた運動体─私のいうモダニズムという一艘の大きな船─を形成することなく、建築家が直面する情況と課題に対してのそれぞれの戦いにも多様性が存在すると指摘している。

具体的には、それはどのような戦い方であるのだろうか。ここでビエンナーレに紹介された三つの作品の背後にある彼らの思考形態を見てみたいと思う。一つは《ヨコハマアパートメント》[図5]。ここでは四人の個室はそれぞれ専用のアクセス階段をもって上層階にあり、一階の吹抜け空間はさまざまな行動、イベントに利用され、そこには他者もよびこめることができるようになっている。

次にあるのは《LT城西》[図6]というアパートである。ここでは前者より個室は小さいが三層にわたってダイナミックに共用の居間、食堂、そしてサービス施設が展開する。二つの個室続きのところは小家族用にも利用できるようだ。

三番目の《食堂付きアパート》[図7]は五つのSOHO住宅と食堂、シェアオフィスの複合体であり、食堂は大きなカフェスタイルで、外部にも開かれている。シェアオフィスも同様である。

ここでこの三点の作品から浮かび上がってくる個は明らかに高度成長期に職場、核家族を中心に育ってきた個ではないことに気がつく。そしてどこかでこうした住み方について共感をもった個によるある独自のかたちをもった集団生活なので

である。

しかしすでに述べたように、格差社会の拡大によって孤独になりがちな若い年齢層の増加、そして高年齢層の孤独死の増大という社会現象を見ていると、居間とか食堂をシェアする集合住宅へのニーズは確実に増えていくのではないだろうか。そうしたニーズに対する投資もまた増えるに違いない。

この三つの事例は変化する個、そしてシェアリングという今後の我々の都市生活において重要な二つの課題を提供しているといえる。

そしてシェアリングについては現在自動車、自転車を始め、さまざまなシェアリングが存在するが、最近我々の設計により完成した《東京電機大学北千住キャンパス》においては、塀も門もないオープンキャンパスによって地域住民と大学関係者によるさまざまな空間、施設のシェアリングが行われており、それが地域の活性化に寄与していることを報告しておきたい。

私がニーズがあるところに投資は発生するといったが、ここで紹介した三つの建築はシェアリングの機能をもった個の集合ではあるが、それぞれ建築としての特異性も保持している。そうした新鮮なアイディアに対して投資する人が存在しているという事実も重要なことではないだろうか。建築は自宅でない限り、投資家がいなければ実現しないからだ。

山名善之は徳島県の中山間地域にある神山町という人口減少、過疎化、高齢化の進む町に、アーティストインレジデンスやサテライトオフィスの誘致を通じて町の活性化に成功している例を挙げている。ここでも当然投資家が存在し、それを歓迎し、サポートする地域の人々が存在しているに違いない。

山名善之がこれらの事例の背後に三つの縁があったという巧みなまとめ方をしなるほどと思うところも多いが、私見ではもう一つの実現の原動力として、縁のほかに、共感というものが存在するのではないかと思う。ＩＴを中心とする新しいメディアの発展は、共感の広がりをより有効に働かせるのにも役立っている。どんな地域社会においても、また何を目標とする運動であるかにかかわらず、共感は強力な実現のための武器となることを改めて注目したいと思う。

共感については、私自身、ザハ・ハディドの二〇二〇年オリンピックに向けての東京の《新国立競技場案》でも充分に経験している。今日のようにソーシャルメディアが発達した時代においては、場所、立場、年齢を超えて共感の広がりをもつことはそれほど難しいことではない。

一方、その規模は小さいが、ここでも紹介してきたように世界的にもさまざまなアイディアが共感のもとにたちあらわれ、そして推し進める無数の声である。上からと、下からの二つの声がこれからの都市の姿をつくり、変えていくであろうことはほぼ間違いない。

先の山名善之がビエンナーレ出展に選んだ作品の中に《高岡のゲストハウス》

と《駒沢公園の家》がある。前者は建物の解体を、後者は建物そのものの切断も含むが、それぞれ独特の建築のリノベーションに対するあり方を示す作品である。

いま、ここでリノベーションという言葉を使用したが、現在日本の各地ではより広いかたちでさまざまなリノベーションが行われている。すでに機能的、経済的な活力を失ったオフィスも含めたさまざまな施設群、そして空家化しているものもその対象物件となる。そこで建物の骨格はそのままとして、内部を現代が要求する新しい機能をもったものに衣替えするリノベーションである。そこではすでに述べた新しい個の要求、あるいはシェアリングも考慮されている。そのマーケットは確実に増大しているが、特に大きなプロジェクトを獲得することが困難なアトリエ事務所にとっては魅力的なマーケットなのだ。なぜならば、こうしたプロジェクトに対しては組織事務所は介入してこないからである［図8］。

しかしこの場合、問題となるのはとかく、脆弱な対象物件への対応の仕方である。

スイスではたとえそれが個人資産の建物であっても、長期的にはそれらは社会的資産であるとする見地から、安い建物は建てさせないさまざまな制約が存在する。日本の住宅の耐用年数はイギリスのそれの半分以下であるといわれている。

このように一方においてリノベーションへのニーズは増大しているが、同時に

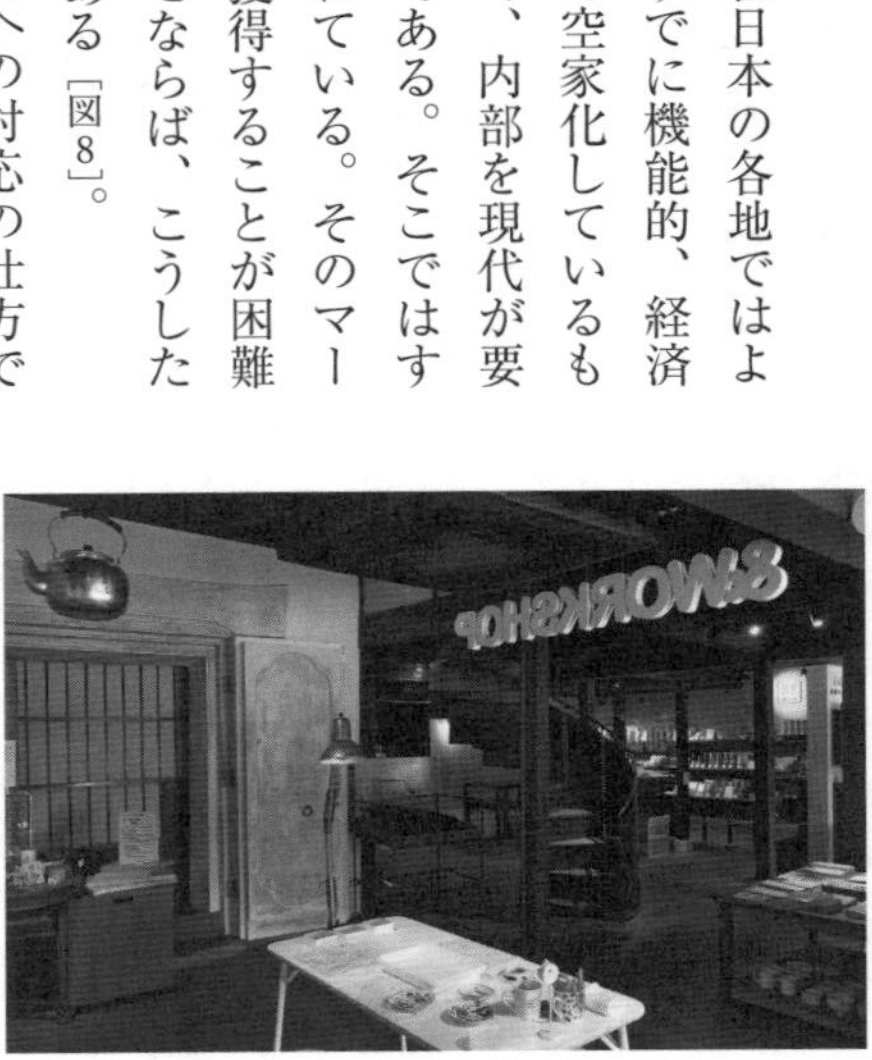

［図8］古い蔵を店舗にリノベーションした例：《八百萬本舗》、改修設計＝E.N.N 写真＝UNIT. DESIGN

新しい法改正が将来どこかで必要なことも示唆している。そのほか、アトリエ事務所による小規模のデザインビルド方式もさまざまなかたちで増えつつある。

この方式はすでにスイス、オーストリア、あるいはドイツ圏では長年にわたって、単に小規模でなく、中規模の施設にまで行われてきた。我々が現在設計中のドイツのヴィースバーデンの都心にある、延床面積約八五〇〇平方メートルの現代美術館でも、ドイツの協同建築事務所はこの方式を採用している。

アメリカの私の長年の友人でもあるピーター・グラック［7］も、アトリエ事務所の規模でいち早くこの方式を採用し、現在ニューヨークエリアを超えた広い市場を対象に活躍している成功者の一人といってよい。

このように私の身のまわりでも新しい市場の開拓はさまざまなかたちで、アトリエ事務所を中心に行われている。

そこで最も注目すべきはさまざまな個の出会い、協同作業を通じて、さらに新しい考えをもった個の出会いが始まるのではないかという期待がある。基本的に現状維持とその拡大を意図する大きな声に対し、無数の下からの新鮮な個の声。そこから未来の都市像が描かれ始めるのだ。

これら、ここで取り上げた民兵の活動は日本の都市形態学的（morphological）見地からいえば、ほかのテクストで取り上げている日本の大都市の特性〝皮とあんこ〟のあんこの部分において発生しているということができる。

7 Gluck, Peter L.、アメリカの建築家、イェール大学でポール・ルドルフに学ぶ。一九七二年からニューヨークを拠点に活動、ホテルや大学、手頃な価格の住宅、教会、歴史的修復などあらゆる建物を設計、多くの国内、国際的建築賞を受賞この皮とあんこについては、第三章の「細粒都市東京とその将来像」（114頁）のところで精しく述べているのでそれを参照していただきたい。

要するに、民兵にはなかなか立派な皮として登場する機会はないが、日本の大都市のあんこの中ではさまざまな機会が与えられているのだ。

住みわけ

私が住む東京で、子供の頃は太平洋戦争が始まるまではそれなりに安定した住みわけが成立していた。親からあそこには行ってはいけませんといわれる場所に行かなければ、あとは省線（ＪＲ）、市電、バスなどでどこにでも行けた。時に親が夜遅くなるとタクシーを使うこともあった。

現在のように車が支配する町でなかったことは、諸外国の大都市でも同じではなかったのではなかろうか。住みわけも境界がはっきりしていたわけではない。それぞれの町の名前がその領域を漠然と示していたにすぎない。

最近流動化の最も顕著な都市はニューヨークではなかろうか。ある地域、たとえばチェルシーではその南のグリニッチヴィレッジの地価の高騰化、家賃の高騰化によってそこの住民らは追い出されている。東京のように一部の商業地域しか地価の上昇がないのと異なってジェントリフィケーションと名称はいいが、多くの住民たちは地域からの撤退を余儀なくされているのだ。かつてジェイン・ジェイコブズが地域のアンビアンスの保持を唱えたところも変わりつつある。ニューヨークだけではない。ロサンゼルス、サンフランシスコにおいても地価の高騰は激しい。学生らも現在のところに住めず、ホームレス化しているものも少なくないという。

こうして住みわけの破壊によって、アメリカでは資産家階級のゲーテッド・コミュニティによる住みわけが各都市で増加しているという。都市の住み方としては、あまり気持ちのよい話ではない。日本でニューヨーク並みの地価の高騰に住居地が見舞われたら地域の姿は急変するに違いない。現在、ロンドンもニューヨークほどではないが、似たような現象が起きている。たとえばハイドパークのまわりに住んでいるのはお金のある人たちだけだという。パリはどうか。都心に近いところでは個々では人の入替えが行われているが、確立された町並みが変わることはないようだ。

コミューナリティ

コミューナリティは都市の生活の様相ではさまざまな異なったパブリック性を意味しているが、ここでは都市空間だけに限って議論を進めたいと思う。

まず子供の話から始めたい。私がいまでも住むＪＲ五反田駅に近い高台では、奥野健男［8］のいう「原っぱ」がいくらでもあった。私は近くに住む同じ学校にいく友達と、学校が終わってからの午後そこで夕食まで遊んでいた。よそから友達が来ても広い原っぱでおもてなしをしていたのである。いまは原っぱは東京中どこにもない。自宅に近い坂道の途中に三〇〇坪くらいのちょっとしたコンクリートの広場がある。そこへ保育園の子供たちが先生に連れられてやってくる。もっと気持ちのいいところを知らない子供たちはそこでも嬉々と遊んでいる。

大人になって都市空間のコミューナリティにおいて最も重要なのは歩道ではないかと私は思う。少し幅のある歩道で、その片側には気持ちのよい、変化もあるヒューマンスケールの建築群、車道にはあまり車も多くない……、こんなところは東京であれば、先述のあんこに相当するところにかなりあるのだ。いわゆる散歩にも適している。そこで私が働くヒルサイドテラス付近であれば、ばったり知己の人に出会う確立も高い。立ち止まって二、三人で話し合っている人たちもいる。ここは立派な皮に直接あんこが貼りついた珍しい場所なので、こうしたコミューナリティが自然と発生しやすいのだ。

このさまざまな建築群をくくり、都市に一つの秩序を与えるのが街区である。この街区のスケール、形態、連続性は世界中千差万別である。おそらく東京の中央部ほどさまざまな変化のある都市はほかに見当たらない。その発生については

8　一九二六－九七。評論家、元多摩美大教授。著書に『太宰治論』『文学における原風景』

三章の「細粒都市東京とその将来像」でより詳述するつもりであるが、本書と同じSD選書として一九八〇年に出版された『見えがくれする都市』はそれを都市形態学的に分析したものである。この本は"City with a Hidden Past"というタイトルで、その英語版（鹿島出版会、二〇一八年）が出版されている。

街区と歩道の最大の魅力は誰にでもオープンであり無料であるということである。これに匹敵するものはない。《ヒルサイドテラス》のオープンスペースも時にさまざまなイベント、たとえばお神輿の訪問、クリスマスキャロルの合唱、時折のマーケットなどに利用されている。

しかし、そこはプライベートの企業が若干の費用を負担することで、初めて成立しているのである。無料の歩道の背後にこのような空間が存在すれば、それは都市のコミューナリティを増加させることになる。

どこかで高年齢化する社会では、年寄の居場所がもっとあってよいのではないかという要請に対しても、企業でも相応の気持ちよい居場所を提供すべきであろう。百貨店やショッピングセンターの片隅ではなく。特にショッピングセンターに充実した子供の遊び場を内外に設けることは（すでに実在しているものもあるだろうが）、企業の集客力を増加することに大きく寄与することは間違いない。

周知のように、比較的安定した住みわけが存在していた都市にあっては、それなりにさまざまなコミュニティが存在してきた。現在コミュニティは、人口の激しい流動化に伴って急速に消滅しつつある。最近私はアメリカの識者の一人ピーター・グリリ（Peter Grilli）〔9〕と、日本とアメリカの文化交流に関する対談をする機会があった。その中で現在ニューヨークにはコミュニティはあるかと聞いたら、彼が言下にないと答えた。しかしある少数の核となる人たちを中心に社会、経済、政治などの話をする集まりが存在しているともいう。

日本でも私が現実に知る限りでは、《ヒルサイドテラス》から発生した「代官山ステキなまちづくり協議会」というコミュニティ的な集まりがある。周縁環境に対してさまざまな意見交換を行う集団でこの地域の環境のさらなる改善を求める集まりでもある。しかしこうした集まりが、半永久的に持続し得るであろう保証は全くない。なぜならば、核となる少数の人間によって支えられているので、その人たちがいなくなったあとの保証はないからだ。ニューヨークのそれも同様である。

人口の流動化は今後も複雑な様相を呈しながら増大する。その結果、中心とそれに近い地域の中で自分の住みたいところを選択することができる階層、それができないので郊外に選択しなければならない階層、そしてそのどちらも選択し得ない階層という三階層に分かれ、そのせめぎあいが続くことになるのであろう。もちろんこれは昔にもあったことだ。ただ動きの複雑化、加速化が現代なのだ。

しかしニューヨークのブルックリンにAmazonがくることに反対し、その声

9　前ボストン日本協会会長。歌舞伎、文楽、能、雅楽などをアメリカで紹介している

が勝つという政治を離れた市民の声の存在があったことは、これからの都市のあり方を暗示する象徴的な出来事であったということができよう。別な表現をすれば「民意」の重要性を看過できない時代に我々は直面しているといえよう。これをすでに紹介した平山洋介のいう不完全社会と合わせ考えると、そこからもさまざまな意見も出ることでもある。都市生活の様態について、我々は毎日目が離せない時代を迎えているのだ。

元東大教授の大野秀敏の著作『Fiber City』は英訳もあり、国際的にも注目を浴びている。私が一九八九年に東京大学を退官する少し前、東京のような日本の大都市の形態の中で、fiber的粒子についてディスカッションを始めていたが、彼はさらにそれをファイバー・シティ[10]そしてシュリンキング・シティ[11]にまで成長させた。その彼の著作の最後にこれからの人々の減少時代には、これまで明治維新以後あった重建設主義と大きい流れに打ち勝つためには線的介入による都市の再組織化の可能な小さい流れにいっそうの市民権を与え、その占有率を高めることによって人々が住み、働き、移動する環境の改善が必要であるとし、それは私のいうよりよきアーバニズムの展開を意図しているといえよう。

私はここで二〇〇五年のハーバード大学から発刊された"Urban Design"というアーバニズムの著作集の中にあった当時のアメリカの論客の一人であったマイケル・ソーキン（Micheal Solkin）[12]の文章を想い出した。その中で、彼はジェ

10　ファイバーとは「細い」「線状のもの」。都市の有する線的性格をもった要素を操作することで都市空間を制御しようとする計画理論

11　shrinking city。人工の流出による都市の縮小、過疎化

12　一九四八–。建築家、ニーヨークにマイケル・ソーキン・スタジオを開設し、その活動はデザイン、評論、教育など多分野に及ぶ

イン・ジェイコブズ、ルイス・マンフォード、チャールズ・エイブラムズやロイド・ロドウィンたちがすでに小さなスケールのコマース（商業）の重要性を説き、市場志向の大規模な資本投下に疑問を呈している。歴史では、近過去も含めてつねにある一定の論説が繰り返して登場しているのだ。

私はこれを我々の天候説と比較してみたい。天気には過去も現在も必ず晴れ、曇り、雨、ときに嵐などが繰り返される。その背後に、温度、湿度、気流、その他のいくつかのパラメーターが存在し、特定の地域、場所にときに予想もしなかった現象をもたらすのである。

アーバニズムもその中核にある人間の愛情、喜怒哀楽、欲望のあり方に大きな変化がない限り、それはそうしたパラメーターによって変化し続けるのではないだろうか。

特に欲望について少し触れてみたい。ニューヨークの《パークアヴェニュー432》は高さ四〇〇メートルの超高層マンションで、その最上層部は各階がワンユニットで占有され、九〇～一〇〇万ドル支払った人たちが四方の、ニューヨークの眺望を満喫し得るという［図9］。一方、中国の重慶には崖っぷちに面して建設された高速道路の真下に押し込められた中層共同住宅群がある［図10］。おそらく背後からの換気は乏しく、上部の高速道路からの騒音振動に耐えなければならない劣悪な住居環境、それでも家賃が安ければ入ってくる人々、パークアヴェニューも

［図9］《パークアヴェニュー432》、ラファエル・ヴィニオリ、ニューヨーク、二〇一五年

［図10］中国重慶の高速道路下の共同住宅群

含めて、こうしたものをつくれば人は入ってくるというディヴェロッパーの欲望、そして入ってくるものの欲望。この二つの例は人間の際限のない欲望のあり方を象徴的に示した建築であるといってよい。天候になぞられるならば、何といってよいだろうか。

パワーアーキテクトの生態

私は数年前、「変貌する建築家の生態」と称するかなり長いテクストを日本の建築誌上に発表している。私は昔から建築家の生態は、我々建築家の生き方、すなわちそれぞれの建築家のデザインのあり方を展望する重要な指標の一つであると考えてきたので、ここでもう一度、この本の「アーバニズムのいま」というコンテクストの中で振り返ってみたいと思う。

私は「変貌する建築家の生態」の中で特にヨーロッパの著名、いわゆるブランドアーキテクトの多くが規模の大きい、たとえば所員数が三桁を超えるところが多くなり、それをパワーアーキテクトと称した。たとえば、著名な建築事務所が経済的に成りゆかなくなっても、資本のバックアップによって息を吹き返したというケースを目撃している。しかし欧米、特にアメリカ、イギリスでは私も名も知らないが、三桁の所員を有する事務所が多く存在する。

日本ではどうか。周知のようにいわゆる、組織事務所の多くは三桁の所員を有する。その上、大きなゼネコン、ハウジングを主とする組織もパワーグループに入れてもよいだろう。そして中国では各地域に設計院と称する巨大な組織があり、海外の建築家で中国で仕事をするものはほとんど設計院を協同設計者（record architect）とすることが義務づけられている。

もちろん、かつてブランドアーキテクトであった建築家が彼らしい設計をセールスポイントにすることはかまわないし、そういう例も多い。しかし一方において、パワーアーキテクトの共通の生態も目撃することができる。それは何か。ひと言でいうならばパワーの伸長、組織の成長である。三桁の設計事務所といっているが、国際的に見ればトップの数社は四桁の所員を有し、三桁でも四桁に近い企業もある。

私はかつて、サンフランシスコの《イエルバ・ブエナ芸術センター》のプロジェクトで初めて施主側が雇用したＣＭ業務［13］に遭遇し、その報酬の高額であることに驚いたことがある。その後ＣＭ業務は現在日本の建築設計でも行われるようになった。

そして近年聞いた話であるが、ある組織事務所ではＣＭ業務がもたらす収入が設計業務と比較して効率がいいので、今後さらにＣＭ業務に力を注ぐ方針とするという。これは明らかに、設計業務を主体とする体制から収入のよいものへ移行するという姿勢である。三桁の所員を維持していくためには、収入第一主義であるといわれても仕方がないのかもしれない。

かつて建築設計、医療、弁護に携わるものは三大自由業とよばれてきた。私は

13 construction management。建設プロジェクトにおいて、円滑に計画を推進するために construction manager が中立的に全体を調整する行為

自分の仕事のあり方に関する限り、そのロマンをいつも胸に抱いている。しかし周縁の世の中はすでに述べてきたように大きく変わりつつあるのだ。

それでは拡大するサービスの中で、彼らの設計業務自体の質はどのように確保していくのか。当然ブランドアーキテクトでなくても、たとえば、数の多い所員の中で設計に勝れたものの成果品はアトリエ事務所に匹敵するものは多々存在する。日本の施工会社の設計・施工による成果品についても同様なことがいえよう。

しかし、少なくとも日本の組織事務所では、彼らは情報力においては、アトリエ事務所のそれより圧倒的に優っている。狭い日本列島の中に彼らは数カ所に支店をもち、そこからさまざまな質と量の建築計画に関する情報を得られるのである。

それでは、私自身が主催する槇総合計画事務所の過去五四年間の設計の実態はどうであったのだろうか。現在当事務所は、設計者三五名前後の中規模アトリエ事務所である。我々は基本設計から監理業務まで一貫して遂行し得る業務のみに専念してきた。したがって、デザイン監修、建築の表層設計、CM業務は引き受けない。数少ないPFI[14]、デザインビルドのケースにおいても、極力基本設計から監理まで設計主体者の維持を心掛けている。

海外での設計においてデザインアーキテクトであっても、少なくとも設計においては基本設計はもちろんのこと、その後のすべてのフェイズ、監理業務まで設

14 private finance initiative。社会資本の整備、運営にあたり、民間の資金や経営力を活用するなど、公民協力して行う事業方式

15 Building Information Modeling。コンピュータ上に三次元モデルを作成し、設計から施工、維持管理まで全工程の情報を集積、その活用により建設業務の簡素化およびデザインなど表現領域の拡張などを可能にするシステム

[図11]《深圳海上世界文化芸術中心》中国・深圳、二〇一七年

計業務を遂行し得る契約になっている。そして事務所内の分業システムはいっさい存在しない。

これはいかにも古典的な設計に準じた生態であるが、私なりに数は少なくても、こうしたアトリエ事務所があってもいいと考えてきた。もちろんＢＩＭ〔15〕の登場によって、建築設計組織体が新しい局面を迎えなくてはならないことは充分に承知のうえである。

ちなみに昨年深圳に完成した《深圳海上世界文化芸術中心》（約六万平方メートル）は依頼者の好意によって、実施設計、監理業務を遂行することができた。したがって、もしかしたら深圳のプロジェクトは我々の中国での最初で最後のものになるかもしれない［図11］。

しかし現在国際的な建築の成行きを見ていると、私だけが幸運だったといってすまされない、さまざまなことが我々建築界のまわりに起きている。

その中で最も象徴的なのは、多くの評者が小さなドバイ（little Dubai）と称する現在ニューヨークで進行中の《ハドソンヤード》（Hudson Yards）［図12］のプロジェクトに見られる投資者、そしてそのパワーアーキテクトたちのデザインに対する姿勢である。確かに同じようなことは現在世界中の巨大都市で起きているのである。

［図12］《ハドソンヤード》ニューヨーク

私は『漂うモダニズム』の中で人間の振舞い、態度、姿勢を表現する言葉としてdecent、decencyという言葉が一番適切ではないかと述べている。なぜだろうか。decencyという英語を日本語の辞典で見ると、礼儀正しい、見苦しくない、たしなみのある、上品な……などさまざまな解釈がある。この中で私がdecencyというのは、社会的に見苦しくない姿勢としてこの言葉を使っているといってよいであろう。ここでは社会全体から批判を受けない一人の人間の振舞いを指しているといってよいであろう。

重要なのは、そうした一人ひとりの振舞いの背後にその人の倫理感が存在していることである。

先に建築家は医師、そして弁護士とともに世界で三大自由業の一つであると述べた。自由であるということは当然、何をしてもよいということではない。当然許される自由であることは、それ相当の倫理が存在しなければならない。

たとえば医療の場合、我々は毎日のようにさまざまな情況を通じて医療に携わるものの倫理性もメディアを通じて検証させられている。

当然建築設計に従事する者も、ときに倫理の問題に直面する。しかし多くの場合、倫理性の問題は何か事件が起きたときどきのみ問われるにすぎない。

そしてそれを一人ひとりの倫理の問題として捉えたときも「あいつはちょっとおかしい」とか「まあそれならば許されるのではないか」といった一人の人間の

倫理観を前提にして判断されることが多い。私は過去のアトリエ中心の設計主体の中でこうしたかたちでことが捉えられてきたのは当然であり、それはそれでよかったと思う。

しかしなぜ私が建築設計の倫理の問題をあえてここに登場させたのかは、建築家の振舞いが個人から生まれるのでなく、組織の振舞いから生まれ、もはや個人の問題として捉え得るかについて多くの疑問をもつからである。すでに指摘したように、パワーアーキテクトはつねに組織としてのパワーアップを目指している。それは個人と異なって組織としての至上命令であり、ときにdecentな振舞いを逸脱しても、それは組織として仕方がないという姿勢をとっていることを我々は目撃している。国家を始めとして、あらゆる組織が必ずしも我々が納得するdecencyという倫理感に基づき行動していないのをいやというほど見ている。そしてときに個人の集団がそうした組織の行動に立ち向かい、勝利をおさめているのも経験し目撃もしている。

私はここで具体的にいうならば、日本の建築界の組織体の行動は真に建築界全体の倫理性に基づいているか否かの問いに対して、Noと答えざるを得ないからである。

一つだけ実例を挙げておこう。

日本では公共事業はコンペの対象となり、コンペに先立って基本構想に携わる建築家が選ばれることになっている。その基本構想も建築事務所がある種の選考システムによって担当する場合が多い。かつては基本構想に参加した事務所は、その後の基本設計に参加できないことになっていた。それがいつの間にか基本構想に参加した事務所は設計コンペに参加できるようになった。そして私の知る限り、基本構想に参加した事務所が設計コンペにも当選する確率がきわめて高いという事実がある。このようなことがあってよいのだろうか。そして基本構想に参加する資格として、その経験の有無が評価されるという。このことはアトリエ事務所にとって参加の敷居はきわめて高いということである。こんなことが定例化されていいのだろうか。さらによい例がある。先年あるコンペの採点表を見る機会があった。コンペの質問表のひとつに応募した事務所の設計料についてというのがあった。当事務所は国の定めた規定に基づく設計料を呈示した。一番高かったのだろう。採点表十点満点の中で、採点は一点に過ぎなかった。醜い話ですね。

私はいずれ有志とともに、このような問題に対して国および特定の組織事務所に立ち向かわなければならないと考えている。それは設計の倫理の問題に重なるからである。

第三章　私の都市、東京

私の都市――獲得する心象風景

一九七五年の一一月も終わりの頃のニューヨーク、高いビルの谷間を通り抜けていく風は冷たかった。それでも時折、雲の間から洩れてくる薄日が街路樹の葉に透き通るような色あいを添えて、そこに晩秋の日曜の午後の静寂さが漂っていた。

金属と石でかためられた建物群の重々しいファサードがしっかりとたがいに身を寄せ合っているその足元をゆっくりと歩いていく人々のまばらな影が、普段より歩道を幅広いものに感じさせる。数ブロック先のセントラルパークの木立ちを右に見ながら五番街をわたると、《MoMA》(ニューヨーク近代美術館)はもうすぐそこだ。薄暗い玄関ホールと右手のブック・コーナーは人々で溢れていた。正面のガラス・スクリーン越しに、横に長い中庭を望むことができる。その塀越しに、こんな町の中央部ではちょっと珍しい高さのところに、うっすらと青い空が垣間見えていた。ムーアの彫刻、パトイアーのチェア、腰に手をあてた青銅の裸婦像。すべてが私にとってそうでなければならない日曜の午後のニューヨークの光景の一節であった。

ちょうど二〇年ほど前、一九五〇年代の中頃、ハーバードの大学院を修了した

103頁　ソーシャルサスティナビリティを実現した《ヒルサイドテラス》、東京・代官山、一九六九〜九二年
写真=ASPI

直後、私は《メトロポリタン美術館》からそれほど遠くない旧いブラウンストーンのアパートの四階の一隅に一年ほど居を構えていた。奥深く幅の狭いうなぎの寝床のようなスタジオ・タイプのこのアパートは、それでもフレンチ・ケースメントの窓の先にしゃれた石の手摺のバルコニーがついていて、カーテンを開くと道路越しに私立の小学校の赤いレンガが見えていた。当時働いていた設計事務所がある五七番街まで、時間の余裕のあるときは恰好の歩行距離内にあった。セントラルパークに沿う五番街のもう一つ東側がマジソン街で、そこの両側の高層ビルの足下はほとんどが店舗、レストラン、画廊などで占められていて、道ゆく人々の眼を愉しませるに事欠かなかった。この一見変哲のない、自分の住居のまわりと、それに続くマジソン街、オフィス、そして近代美術館の界隈が私にとってのニューヨークだったといえよう。

この二〇年という歳月はアメリカの政治、経済、芸術、生活様式のあらゆる分野に深い変化の軌跡を残してきた。しかし私にとってニューヨークのこの部分に関する限り、厳密にいえば、この部分と私との関係は奇妙に安定したものであり続けてきたようだ。

ギリシアの都市国家における市民とアゴラの関係、中世における城や城壁が内に住むものに対して有していた意味の重さは、現代都市ではもはや存在しない。

すでにバロックの時代、都市に出現しはじめた壮麗なヴィスタをもったブールヴァードは新しい絵画的ともいえる風景をつくりだしたが、そのときブールヴァードは市民の中のほんのひと握りの階層のための権威の表現であり、彼らと関係のない市民の大部分はブールヴァードによって分断化された中世都市の断片に相変わらず身を寄せあっていた。都市はこの時代に初めて復元的な意味をもちだすとともに、それらの意味と形態との間のずれが増大し、純粋形態としての都市の終焉を告げたのだ。

人々はもはや市民であることによって、自動的に都市と彼らの間に定められた関係が成立することを期待することはできなくなったのだ。別な表現をとるならばそれを定める主体は逆に都市から、個人個人の手に移ってしまったともいえるのだ。都市はそれに関心のないものにとっては本来透明なものである。透明であるがゆえにその中を通り抜けてしまっても差し支えない。と同時に、この一見混沌とした文脈のない現代都市の中で、市民たちは多くの場合、些細なさまざまな都市の部分との間に、彼らなりの特殊な関係を構築しなければならない。その自由度に関する限り、現代の都市は一人ひとりにとってユニークな現実なのである。風景はそこにあるのでなく、まさに主体的に構想化、構築化されるものなのである。

ジョナサン・ラバン〔1〕は著書『住むための都市』（高島平吾訳、晶文社、

1　Raban, Jonathan、一九四二年、イギリスのノーフォーク生まれ、紀行作家、評論家。ノンフィクション部門での受賞作品もある

一九九一年）の中で次のように述べている。

「自分はロンドンに来るまで、これほど、壁とか、敷居とか自己の領域の確保に強い意識を感じたことはなかった。それはたんに大都市がわれわれを狭いところにおしこめさせる結果生ずる動物的本能による領域確保の本能ではなく、むしろアパートの玄関ホールで、あるいは道ばたでゆきずりに出会う人びとがあまりにも他人であるが故に（そして自分もまた、彼らにとって同様にまったく他人であるが故に）、どのようにこの大都会のなかで自身のアイデンティティをつくりだすかの意識がなせる結果なのである」。

ニューヨークやロンドンのように町としての建築的骨格が圧倒的なとき、人間が安定した関係をそこに求めようとするのは自然な道程なのである。にもかかわらず、一人ひとりが自己をアイデンティファイし得る領域は量的にいうならばごく限られた範囲にすぎない。たとえかりに私が五年ニューヨークに住むようになったとしても、そうした領域の量は五倍はおろか、すでに一年で獲得したものとほとんど変わりなかったと想像し得るのだ。こうした領域感の基盤にあるものはほとんど肉体的なものといってよい。領域とはまさにそこへ〈入っていく〉ものであり、領域は入り込んだ彼を包容する。

現代において住まいと、その周辺、あるいは離れたところに点在するわずかな領域は深められこそすれ、増大しはしない。一見華やかで、複雑で、厖大な都市の事象も、そしてその中でめまぐるしく生活する現代の都市人にとって、そこから獲得される領域はそれほど少ない。しかしこのわずかな領域をつなぎあわせ、自分自身の文章にしていくことは、あらゆるものにとって与えられた一つの芸術であろう。

わずかな手がかりを求めて貪欲に自己の領域を獲得し、設置していく。敷居はあらゆるところでデリケートな状態で存在する。そこではわずかな目じるしも意味をもちはじめる。ニューヨークの空、高層のアパートの無数の窓に点滅する光は、そこに住む人々の原領域と、全く他人の世界との間に存在する敷居の存在を示している。その窓のカーテンを降ろすとき、彼らは最後の接触をも拒否してしまうことができるのである。夜のとばりが降りて、やがて朝がくると都市は昨夜のまばたきを全く忘れたように、またその日を存在しはじめる。

空港に降りると不思議なざわめきと興奮。旧い時代にあった波止場や停車場のセンティメンタリズムが、その瞬間だけ確実にそこにくるものの心をつかむ。ある種の決められた行為をワンセット行うことで、空港を確認し、儀式を終了するのだ。

優れた作家や画家たちは、彼らの鋭い知覚と豊かな情操によって都市を描写しつづけた。しかしそこにも明らかな歴史の変遷がある。中世の都市、チョーサーの『カンタベリー物語』に描きだされるロンドンは城壁に囲まれた完結した一つの存在であった。ちょうど家のようにそれは夜になると閉じられた。当時の都市風景画を見ても都市全体として何を意味するかに力点をおいた描写が多かった。だから鳥瞰図は恰好な全体描写の方法であった。しかしルネッサンスの時代になると透視図法の発見が、都市風景をより正確に描写することを可能にしはじめるとともに、観察者と対象との関係にその興味が次第に移行しはじめる。都市の社会的な全体像の崩壊は克明な部分の叙述の意識にとってかわっていく。やがて都市をどう見るかよりも、神を離れた個人の主観に基づいて何を見るかが明瞭になってくる。印象派に、浮世絵における都市風俗の描写、ソーシャル・リアリズムそしてキュービズムの世界の展開、戦後における世俗都市の最も強烈な表現としてのポップ・アート。この見事な歴史的発展にかかわらず、そこにたえざる懐古思想に裏付けられた旧い都市像への回帰を通して、現代都市は、驚き、懐疑、内省、実験を繰り返していくのである。

私の育った旧い山の手の東京は、昭和の初め頃といえばまだ緑の多い静かな屋敷町がそここにあり、特に雪でも降ると、あたり一帯に静寂な世界が出現した。それでも市電の通る大通りや坂下あたりには、いまもあまり変わらない面立ちの小店舗が群をなしていて、けっこう下町的な雰囲気をつくりだしていたものである。子供たちにとっていまと比べると、家の付近の遊び場には事欠かなかったし、時として自転車などで遠出をするとたえず秘密めいた場所の発見があり、一人ひとりに奥野健男のいう〈原風景〉の形成があったといえるだろう。

だがニューヨークやロンドンと違って、東京のこの数十年の変貌はすさまじかった。いままで道路がなかったところへ高速道路が割り込んできて、町は切断され、広くなった道路の両側には高層の建物が建ち並びはじめた。崖が崩され、緑が少なくなっていった。我々はいまさらのようにわずかに残された坂とか、塀とか、大きな樹木に過去の痕跡を確かめようとしはじめた。それも不可能になると、暗闇坂、五本辻、箪笥町など、わずかに地名を通して記憶の線をつないでいく。それも麻布〇丁目といった地番制によってやがてその記憶すらも消しとられていくとき、現代都市における領域形成と風景の心象化はもはや〈獲得〉の形態をとらざるを得ないところへ追い込まれていく。

東京はニューヨークに比べて都市の建築的骨格からの強制の少ない、雑然とした、そして一方においてきわめてくつろいだ町である。だからこそ領域形成はよりデリケートに個人的なものになるか、または極端に抽象的にならざるを得ない。そのデリケートな表情形成と自己主張は、猫のひたいのようなわずかな空間に生み出され、季節の変化は、風鈴や門松やすだれを通して町の表情に点景を添えるのだ。そしてその優しさに呼応するように、多くの個人の原領域は優しくささやかなのであろう。

また東京のような都市は、あらゆる社会集団のためのアイデンティティのある場の形成に事欠かない。メンバー制クラブ、学生たちのアジト、そして駅前にひしめく一杯飲屋と、人々は執拗にわずかな領域を求めて彷徨する。

だが同時にこうしたささやかな領域は不安定であり、バラバラである。その空白の部分を埋めていくのが、より抽象的な都市に関するインフォメーションであろう。現代の都市の最大の特長の一つがそこにある。テレビ、映画、絵画、漫画を通じて、意識の空白部分に情報はさまざまなかたちをもって坐りこもうとする。メディアは独断的に「都市はこのようなものである」ことを我々に迫るのである。正月のテレビ・ニュースを見るとよい。東京を象徴する風景はいつしか丸の内から、新宿副都心の五本の超高層群におきかえられてしまった。白く雪をいただいた富士を背景にしたあの図柄は、○○パックの海外旅行のパンフレットの絵と同様に、否応なしに人々の心の中に入っていく。ハリウッドの映画に出てくる社長室のインテリアと、そのうしろの窓から見える風景が、ある様をなしていなければならないことが、現代都市の一断面を描きだしている。やがて人々は、都市はどのように捉えられるべきかについて無意識のうちに制御されだすのである。それと彼ら自身の努力の中で獲得されたわずかな点と線との間に、ある一つの納得が得られると、都市は次第に衣服のように彼らとともに存在しはじめる。

都市はまた歴史とか伝統の代わりに、出来事を通して関わりあう。思いがけないめぐりあい、ちょっとした事件、集まりを通してできた友達、あらゆる些細なことがきっかけとなって、一見固定化したかに見える彼の都市経験に新しい集積への契機が生まれる。そしてある出来事がたまたま場所や形態と関わりあうとき、その新しい経験は、彼にとってもう一つの意味ある都市の部分を付与することになる。そして印象の薄れた部分はけずりとられていく。このように間断なくメディアが伝達する都市情報と出来事の中から、我々にとってどのような陣地取りのパターンが生まれてくるのだろうか。

このようなもろもろの体験を新しい目で見直すことが、おそらく都市をよりよくする第一歩であるに違いない。ラバンは前述の書の最後に次のようにいっている。

「われわれは都市、特に現代都市に関してより大胆な、しかもより冷静な理解が必要なようだ。われわれは勝手に都市を間違ってつくっておいて、今やその中で途方もなくいらだっている。建築的ユートピアや、より便利な交通手段よりも、あるいは今流行のエコロジー運動よりも、もっと必要なことは、自己と都市——特にそのユニークな形態、プライヴァシィ、自由についての——との関係についてもっともっと創造的な評価と分析を行なうことではないか」。

私の都市。それは誰もがもたなければならない、自己と都市との関係のつくりだす風景にほかならない。私の都市は自分のつくるものであり、誰かが与えてくれるものではない。領域、心象風景、情報と概念の都市断片、出来事、そしてそれらを獲得し、選択し、肉体化する間断なき主体の行為と、それによって見えてくる新しい都市がそこにある。たとえそこが一時的な寄留地であろうと、人間はそうした場所を、風景を肉体化することができるという発見。

やがて対話を通じて一人ひとりの〈私の都市〉はたがいにわずかであるが、共通の部分をもつことを発見していく機会があるだろう。そのとき人々は〈私の都市〉は、実は〈我々の都市〉への最も確かな基盤であることをおたがいに確かめあうのだ。

細粒都市東京とその将来像

東京は人口一〇〇〇万人を超える世界有数のメトロポリスである。しかしニューヨーク、ロンドン、パリ、メキシコシティ、あるいはデリーがそうであるように、これらの都市はそれぞれ他の都市にない特徴をもっている。その多くはその都市の地勢、歴史的背景の特徴によるものが少なくない。東京もその例外ではない。この江戸―東京の歴史的特徴についてまず述べてみたい。

明治以後の近代化は、こうした伝統的都市構造に強いインパクトを与え、さらに独自な発展をその結果遂げてきた。いま、これらの問題を、混合―純化という視点から捉え、同時に今後の都市構造のあり方について江戸―東京を中心に考えてみたい。

㈠中心性の欠如

ヨーロッパ、あるいは中近東において旧くから発生した都市は、必ずといってよいほど中心が設置されていた。中心はたんに象徴的に秩序の原点であるだけでなく、また同時に行政、集会、経済、宗教の諸行為の要であった。

彼らにおいて都市という概念設定は周縁に存在する荒野、あるいはカオスに対する秩序の証しとしての都市であり、都市は人為的な小宇宙、すなわちコスモスであった。したがって、空間構成もすべて中心を軸とした秩序立てであった。

一方、日本の都市において、たとえば中世の城下町を見ると、確かに城は権威の象徴ではあったが、その位置は必ずしもつねに町の中央にあったわけでないし、またヨーロッパのように教会、マーケット、市庁舎、あるいは宮殿によって構成される機能の中心に参画するものでもなかった。それは同様に社寺仏閣についてもいえることであった。江戸城が明暦の大火以後、天守閣を再建しなかったということは、そうした意味からもきわめて注目すべき事実であろう。こうした強力な中心の欠如は、日本の都市を独自なものとしてきた。そして、それはやがて多中心、あるいはより複雑な都市構造の展開を導いていく端緒となるのである。

㈡自然と都市構造

江戸を例とするとよくわかることであるが、日本の都市は自然景観に富んだ地勢の上につくられていく場合が多かった。したがって都市の景観構成のうえで、自然の果たす役割はきわめて大きかったといえる。たとえば、いわゆる水辺、山辺との関係、丘の起伏などは都市の骨格を定めていくうえできわめて重要であったし、その結果生じる坂、尾根道、谷、あるいは橋などは地域の境界を設定し、また江戸中期には無数の名所という特異点をつくりだすことになった。

自然はそれぞれの場所に特有なものであり、したがって、人工的な行為と自然との出会いは、つねに都市構造の独自性をつくりだす。このことから容易に理解し得るように、日本の多くの都市は、中世から近世にかけて、ヴァラエティに富んだ景観を保持してきた。

㈢パブリック―プライヴェイトに対する公民の概念

市民社会が都市社会の中で次第に成熟していったヨーロッパに比較して、武士階級が直接都市経営を行った封建社会に基盤をおいた都市であった日本では、そこにはパブリックの概念が存在しなかった。どちらかというと、武士階級のお上と、それ以外の大衆という下々の間に成立していた封建社会においては、公という概念が強く打ち出される一方、それに対してたえず〈私性〉が反面教師的なかたちで、根強く存在してきたところに日本的都市文化の特徴があると思われる。この私性は必ずしも、表におけるハレガマしさに現れることなく、むしろ内部に向かって、あるいは奥に向かって深化されていくものであった。先に述べた中心性の欠如は、一方において〈私〉の空間の中に（たとえば庭、茶室など）無数の小宇宙をつくりだすことにもなる。

このことはのちに、日本の都市において、プライヴェイトのセクターにおいてきわめて活気に満ちた諸施設をつくりだすエネルギーがすでに蓄積されはじめていたことを物語っている。と同時に、都市における建築は永遠性を示すものでなく、むしろその時代ごとに人々のさまざまな欲望、エネルギーを表明するための

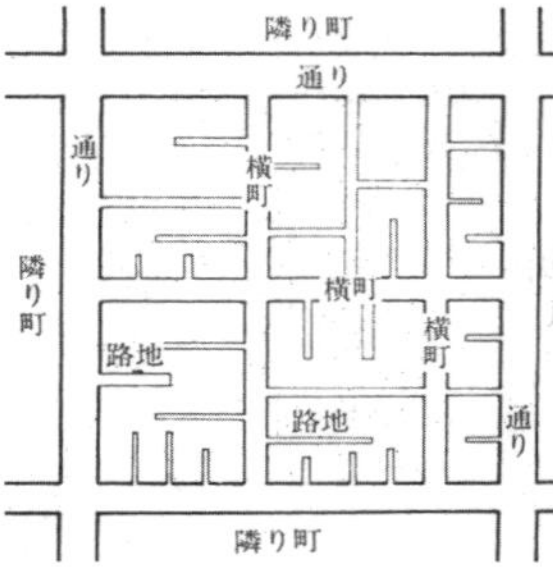

［図1］内へ向かって細分化された江戸の都市構造／『見えがくれする都市』（鹿島出版会）より

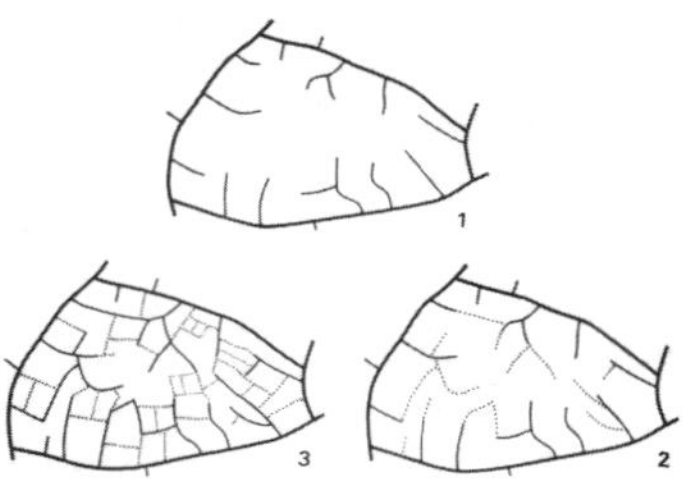

〈しかけ〉としての存在の強さも意味している。このことは日本独特のハレ・ケという場所に対する概念の発展にも特徴的に見られるのである。

それでは東京のＤＮＡとはいったい何であったのだろうか。当然、今日、東京はその中心部と一部郊外部分には、このように江戸のＤＮＡが強く存在してきている。周知のように、江戸城を中心に武家屋敷、寺町が周辺の地形に沿って発展し、下町の商業地のみが平坦地であることをも利用したグリッド・システムであり、それらを連結する主要道路は中心から四方に延びた放射状形式の街道筋群であった。しかし江戸は一八世紀には世界でも最初に人口一〇〇万に達した大都市であり、同時に多くの緑に覆われた他に類を見ないガーデンシティでもあったのだ。

明治維新、日本の近代化、京都から東京への首都移転などは東京の急速な人口膨張と、生活のあらゆる面における変革を要求した。しかし、都市構造の核の一つ、道路網の整備だけを見ても、そこに江戸から東京への変革の特徴を見ることができる。一つは［図1］に見られるように、大きな大名屋敷の敷地、あるいは町人町の街区はすべて内へ向かって細分化され、ヨーロッパ型の都市形成は、日本人は畏敬はしたがさまざまな理由で遂行されることはなかった。例のエンデ［2］&ベックマン［3］の壮大なバロック形式による中心部改造計画は全く日の目を見ることもなかった。そして人間、物資の輸送に不可欠な幹線道路の整備も、

2　Ende, Hermann、一八二九－一九〇七。ドイツの建築家、ベルリンにW・ベックマンと共同事務所をもつ。一八八七年、ベックマンの帰国後来日し官庁建設計画に携わる。そのプランは一辺六〇〇ｍの敷地の四隅に同形状の各省の建物を配置して、全体を一つの巨大な建築に見せようとするものだったが縮小を余儀なくされた

3　Bockmann, Wilhelm、一八三二－一九〇二。ドイツの建築家、一八八六年、明治政府の招きにより来日、官庁建設計画に携わる。その構想は東は築地本願寺から西は日枝神社に及び、東西に走る日本大通りを軸に東には天皇通りや皇后通り、西には国会大通りなどを派生、各道路沿いに官庁の建物を配置するというもの。これはパリやベルリンに匹敵する壮大な都市計画だったが、財政上の理由で縮小された

地震、戦争などの外的圧力があったときにのみ大規模に行われ、やっと今日の状態に達しているのだ。

しかし一方、鉄道の普及、進歩には目覚しいものがあった。私は今日の東京の骨格はすでにほかでも述べているように、山手線、中央線の完成による［図2］。その後、各駅を起点とする鉄道網、郊外電鉄、さらに環状線内の地下鉄網の拡充によって、他国に比類のない濃密な輸送機関ネットワークを完成したのである。そして正確、安全、清潔、高度のサービスも同時に。同じ一九世紀のパリにおいて、ナポレオンⅢ世統治のもとでオスマンが完成した都市像は、焦点と視線のネットワークであったことと比較してみると興味深い。江戸では高地に場所としての格が与えられ、低地の格は低かった。前述の山手線、中央線は土地価格の低い低地、谷間を最大限利用して施行された。美意識を中心に形成された都市と利便性を課題としてつくられた都市。

しかし都市のＤＮＡは、人間の身体と同様に必ず正負両方の遺産を次の世代が継承していく。そしてまた時代によってその評価も変わっていく。利便性を目的につくられた鉄道網とその拠点の駅を中心とする地域が、今日高い不動産価値をよんでいる。また、広い道路幅に沿った領域の容積率は高く、狭いところは低容積率という日本特有の都市計画法によって、これも特異な三次元の都市景観をつくりだしている。当然、住居やさまざまな都市活動の機能も、それに従ってダ

［図2］　山手線、中央線の開通による今日の東京の骨格

イナミックに変化してきた。しかし特別な歴史・文化的拠点群は、定点として持続されていくものも多かったことも注目しなければならない。

東京のように明治初期から細分化された都市の生活、活動網は、稀に大規模開発された地域を除けば、そのまま細粒都市網として存続し、それが生活の呼吸源として現在も機能している。同時に見逃してならないことは、東京では大中小さまざまなスケールの建築群の間断なき普請（新生、再生も含めて）が町中で行われていることである。都市景観とは、好ましき形態上の秩序をもった建築群が長期にわたって存在する状態を指している。しかし都市は細粒化すればするほど、その建築群もまたヘテロなものの集合にならざるを得ない確率が増大し、それを景観上厳格に規制することも困難となる。つまり視覚的秩序とは見る者の感性に対する満足度として測られるとするならば、ここでは巨視的あるいは長視的な秩序感は後退し、むしろ短視的秩序感が拡充されなければならないことになる。

換言するならば、一つひとつの建物のまちに対する配慮、工夫が面白ければよいのだ。たとえば毎日同じところを散歩する者にとっては、ヘテロな要素の集合は単調な景観秩序によって統合された町並みを歩くよりも楽しいものであることは私も日常的に経験している。食物と同じで、その土地、土地独特のまちの親しみ方が存在する。幸い人間は本来きわめて柔軟な動物であり、郷に入れば郷に従えという格言は都市の住み方についてもいえることなのである。たとえば細粒都市における緑化はそれなりに工夫したものが東京のいたるところで行われ、それを発見していくことでも散歩者の目を飽きさせない。幸い東京は四季に応じたさまざまな緑化が可能な地域なのである。

穏やかさと静けさ

私はこの一年の間にニューヨーク、パリ、アジアではデリー、ダッカ、そしてジャカルタを訪れる機会があった。それぞれ短期間であったが、これらはすべて首都、メトロポリスであり、車、地下鉄そして歩行を通してそのまちを視覚的にまた触覚的に体験することができた。そして東京に帰ってきて、同じように日常的な動き、歩行、タクシー、電車、バスを利用した生活を繰り返しているとつねに感じるのは、東京の穏やかさである。

たとえばデリー、ダッカ、ジャカルタの空港から夕方都心のホテルに車で向かう。車、バイク、リキシャ、そして郊外では交通信号が少ないために間断なく横断を試みる歩行者、すさまじいホーンの交錯。特に大量交通輸送機関が皆無に近いジャカルタでは、いつ目的地に到着できるかわからない。そして間断なきスマホでの目的地との連絡。こうしたことに慣れていない私のような後部座席の乗客は、それだけで疲労してしまう。パリのタクシーも乱暴なのが多い。ルーブルに

4　一九六一年岡山市生まれ、京都大学こころの未来研究センター教授。定常型社会を前提にしたコミュニティや都市のあり方を提言。著書に『日本の社会保障』『ポスト資本主義』など

5　Shelton, Barrie、一九四四年イギリスのノッティンガム生まれ。専門は都市史、都市理論、都市形態学、都市デザイン。オーストラリアおよび国際コンペで入賞、著書に『日本の都市から学ぶこと』（鹿島出版会）など

近いホテル・ウェスティン（かつてインターコンチネンタルといった）は私のパリでの常宿だが、かつての内部の優雅さはない。建物は同じでもそれを取り巻くアンビアンスは変わってしまっているのだ。

広井良典［4］は『コミュニティを問いなおす』（筑摩書房）という著書の中で、日本の稲作を中心とした農村社会の小集団の中で形成される人々の関係性のあり方として「思いやり」「控えめ」「いたわり」といった振舞い、あるいは心遣いが発達したが、逆にそれがその小集団社会を一歩外に出たときに、他人に対する排他性の強さとなると指摘している。確かに我々の都市社会で、そのさまざまな現実に出会う機会も存在する。しかし一方、さまざまなところで、江戸―東京に引き継がれたＤＮＡとしての穏やかさを経験することもしばしばできると思う。それは先に述べた細粒都市の空間特性に由来するところが少なくない。

オーストラリアの社会学者でシドニー大学名誉教授バリー・シェルトン［5］は『日本の都市から学ぶこと』というきわめて興味ある著書の中で、東京ではないが名古屋市の典型的な大街区の都市形態の分析の一例を挙げている［図3］。これは東京にも全く当てはまるケースであるが、すでに述べた広い道路に面した容積率の高い帯状に高層建築が並んでいるが、その内側の狭い道路に面する街区は低層の建物の地域が広がっていることを示している。

さまざまなかたちで住みわけのシステムが発達している他国のメトロポリスと

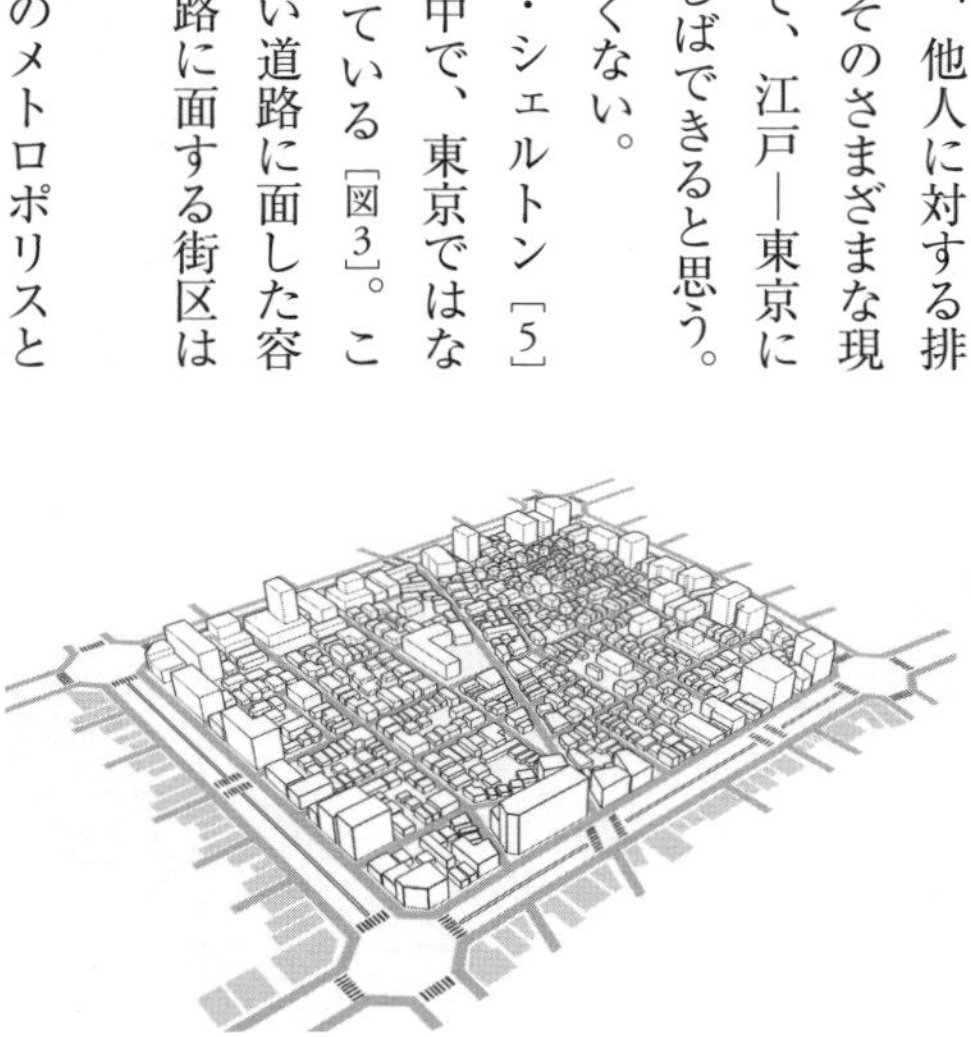

［図3］大街区の都市形態分析の一例、名古屋市／『日本の都市から学ぶこと』より

異なって、東京の旧市街地では、都市の動を象徴する帯状の高密度地域のすぐ裏側では静を代表する地域が多く存在している。したがってまち全体の穏やかさは、こうした〝一歩入れば〟という静の空間への近接感にも帰するところが多い。それだけに東京湾に沿い埋め立てられた新市街地の多くはその容積率が高く、また均質であるためにか、歩いていても何か東京を感じさせない地域が多い。広い道路と高密度すなわち高層の住居、あるいはオフィス群がつくりだす東京はどこにでもある。別な表現をするならば、我々の知っている東京ではないのだ。それは国外のどこにでもある都市風景なのである。江戸―東京のＤＮＡはもはやそこには存在していない。無機的な都市景観。

次に東京あるいは日本の大都市について特記したいのは、その都市としての安全性である。インドのムンバイを訪れるとファイブスターホテルには塀がはりめぐらされ、訪れる車の後部トランクに不審物がないかどうかチェックされる。そしてホテルのエントランスで、訪問客の荷物はすべて空港と同じように探知機を通すことが義務付けられているところが多い。テロ対策である。それはダッカでも同じであった。宗教間の不和、そしてテロ行為の存在と無関係ではない。もちろん日本でもオウム真理教のサリン事件はあった。しかしそれはアメリカ国民がニューヨークで被った九・一一事件以後、抱き始めたトラウマとはその大きさは比較にならない。

東京が安全な都市空間であることは私自身のさまざまな経験からも実証できるのだ。

［図4］にあるように、朝倉不動産が旧山手通りにある土地を取得し、すでにもっていた土地との接続が可能となり、旧山手通りと坂下の既存道路にまたがる開発が可能となった。我々は躊躇なく二つの道路をつなぐ一部内部化されたパッサージュをデザインし、そこは早朝から夜一〇時までは二つの道路をつなぐフリーパッサージュである。建物の上下をつなぐエレベーターはこのパッサージュの一部にある。中層部の住居あるいはオフィスからなるこの構成は、そこに常時警備員がいなければならないニューヨークのような都市などでは考えられない仕組みである。築後二〇年を経て何の問題も起きていないのだ。

安全であるということは先ほどのホテルの例を挙げるまでもなく、都市が多くの人にとって開放性が高いということである。オフィス群でも、来訪者をチェックするところは他国のそれと比較すれば格段と少ない。もちろんこの状況がこれからも続く保証はないが、安全な都市として誇れるべきものを日本の都市は多々有している。安全はまた静けさを保証するものなのだから。

日本の都市空間の特徴

日本の都市空間の特徴として境界の曖昧性、別な表現をすれば多心性が挙げられる。門、塀、生垣、縁側、庇などの空間装置はこれらを強調するものである。

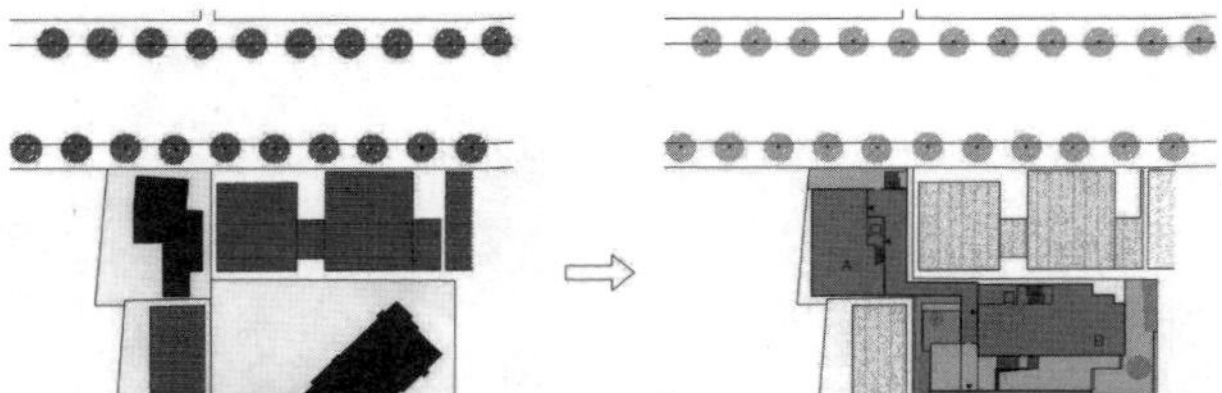

［図4］《ヒルサイドテラス》の二つの道路をつなぐパッサージュ

このことは単純な表と裏、内部と外部という空間の分離を拒否する伝統を育んできた。そしてこうした微妙な境界層の設定の中で、日本独自の場所性の表明と深化が見られたのである。

このことは同時に、小さな場所における巧みな空間装置の演出（たとえば坪庭）をも可能にした。都市はこのようなヴァラエティに富んださまざまな部分の集積として考えられてきた。つまり都市とは、上から一方的に与えられるものと、その枠組の中で、プライヴェイトなレベルにおけるさまざまな反発、工夫が仕掛けられる場でもあった。そしてそうしたやりとりの中で、都市が実体あるものとして形成されてきたといってよい。

このように見たとき江戸はいうなれば、江戸城を中心とした〈の〉の字型のスパイラル状の骨格、町人町の格子状パターン、山の手の屋敷町、寺町の展開に見られる地勢に順応した地理的パターン、街道筋を中心とした放射状パターン、それにさまざまな地形、由縁がからんだ特異点（名所）によって複合された、世界でも稀に見る多様多相な都市構造をもっていた。しかも地震、火災など多くの災害にもかかわらず、その骨格はこれをゆるがすものではなかった。また、こうした多彩な構造は、しかも同時に江戸城を中心とする大名屋敷群、山の手の武家屋敷と寺町、下町と街道筋に発展した町人町という三つの地域を巧みに内に抱くものであった［図5］。

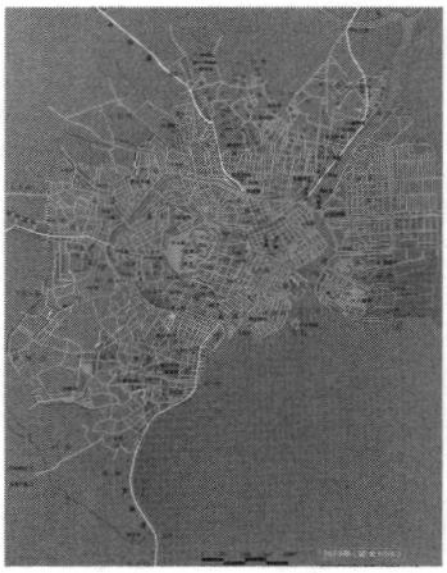
［図5］江戸の複合された多種多様な都市構造（一六七〇年頃）

近代化と都市の変貌

明治維新後、日本の歴史的な城下町は都市への人口の集中、そして近代化の波にさらされることになる。そしてヨーロッパから新しい土木・建築の技術と、都市計画理念が入ってくる。特に上・下水道の設置、鉄道網と道路の整備は、衛生思想の普及と火災・地震対策としての安全性の確保という大命題のもとに、都市の骨格の再編成に関わるものであった。一方、近代都市の顔としての中心部の整備は、新しい表層の秩序化を意図したものであった。そして新しい用途地域の設定もこうした都市の衛生化、安全性の確保に加えて、都市機能の純化・秩序化を企てるものであった。

再び江戸―東京というコンテクストの中でこの近代化が何をもたらし、何を意味したかを追ってみることにしよう。新しい鉄道網、特に山手線、そして道路の拡幅は新しい人々の動きと発展を促した。しかし中央線にしても山手線にしても東京の丘陵の谷間を注意深く拾いだし、それらを連結していったものであることがわかる。また道路の拡幅も、けっしてそれまであった多様な江戸の骨格を基本的に変えてしまうものではなかった。そこにはつねに新しいものが加えられるとき、旧いものは部分的に除去され、新しいものが入り込む余地を与えるのである。当然、その周辺に存在する旧い部分と新しく生まれた部分の間に生ずるきしみは、さまざまな方便によって調停されなければならない。このような部分的な除去→挿入→調停、そして新しいこれも部分的な秩序の形成は、先に述べたような中心部の顔の構成にも見られる。

エンデ&ベックマンの想定した明治二〇年の中心部改造計画、大地震のあと、後藤新平が提案した新東京計画［6］は現実よりもはるかに壮大なものであった。しかしそこから生まれた霞ヶ関地区、銀座改造計画などは部分的なものにとどまった。三菱による丸の内も、当時〝一丁ロンドン〟と呼ばれたように、あくまで限られたスケールのものであった。旧いものを一掃するのでもなく、また、全く新しく都市の秩序を打ち立てるのでもない、このような一見中途半端な計画施行に東京の近代化のプロセスは特徴づけられている。そして他の多くの都市でも例外ではなかった。しかしこれは、たんに旧いものと新しいものとの混合と見るべきでなく、むしろたえず新しいものを無数に微分的に加算することによって得られる、そのときどきの平衡感覚をナビゲーターにした、たえまなき動的な秩序形成と見るべきであろう。

そこにはもともと近代都市計画理念を打ち出したヨーロッパのそれが、静的な秩序形成を目指したものに対してきわめて対比的であり、日本的ともいえるのではないか。考えてみると先に述べた江戸に存在した多様な要素の複合体（スパイラル・放射状・地形的パターン）による骨格も、いうなれば与条件と現実のせめ

6　一九二三年の関東大震災直後、ナポレオンⅢ世治下のパリ大改造を参考に、大胆な土地の収用による大規模な区画整理と公園や幹線道路の整備を訴えたが、地権者の猛反対や膨大な予算を要するため当初計画は大幅な縮小を強いられた

向は、埋立地に適用され、両国、晴海、平和島付近も職種によっては、業務立地が可能になりつつある。さらに注目すべきは、近郊私鉄、ＪＲ駅周辺のマンション群の一部にあまり床面積を必要としない、業務・サービスのオフィスが発生しつつある事実である。そしてこれらの業務が営まれる建物はもはや、かつての丸ビルのような象徴性を謳うこともなく、一般的にいわれる〈ビル〉（木造家屋に対応する不燃建築の総称）の中で住居、物品販売と併存するようになりつつある。このように超高層ビル群に見られるような新しい象徴的な存在としての、すなわち〈図〉としてのオフィスも登場すれば、また一方において一種のホワイト・ノイズのように都市の〈地〉としてのオフィス・アクティヴィティが拡散し、都市の表層を形成しつつある。このように、対極的な現象が同時に存在するところに今日の都市の特徴的様相がうかがえるといえよう。

㈡ 複合ビルの出現

我々は、もう一つ日本的都市施設の特徴として、さまざまな機能の複合化を建築の中に見ることができる。デパートにおける文化施設、たとえば展示機能、各種スクールの充実化、あるいはホテルにおける宴会、ショッピング、レクリエーション機能の拡大によるマルティ産業化などはそのよい例であろう。《スパイラル》はよい例である［図8］。また最近は一つのビルに飲食、展示、劇場、美容、クラブなどさまざまな機能が複合され、かつてのホテルやデパートのように一機

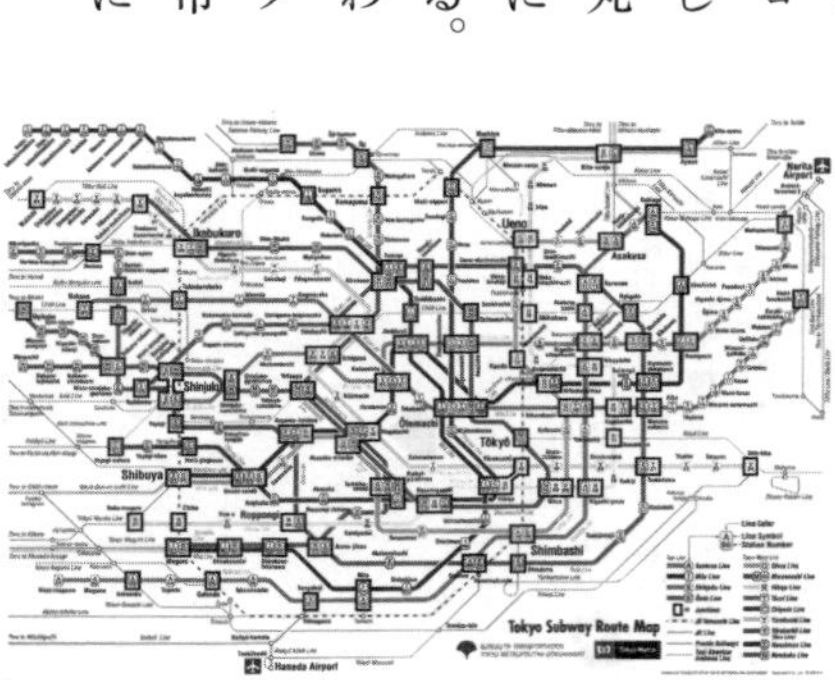

［図7］東京の地下鉄路線図

能によって代表することのできない施設も多く出現しつつある。このような現象は江戸時代からあった、公に対する民の活発な都市産業への関わりあい方の伝統を受け継いできたものとも見ることができよう。しかし一方この数年来、たとえば第三セクター方式によって、一つの施設、一つの経営主体として、官民が合同で事業を行う傾向が顕著になってきた。たとえば現在筆者が地方都市で関係している市民プラザ計画では、一つの建物の中に室内プラザを中心に美術展示ギャラリー、小劇場、体育施設、学習センターが市によって企画運営され、その活性化をサポートするためにさまざまな物品販売、飲食、喫茶の店舗が民間の出資・運営によって賄われる。

この二つの事例からも明らかなように、すでに多くの都市では機能の複合化が我々の予想した以上に地域のレベル、建築のレベルで進行しつつあるのである。このように見るとき、現代都市における機能・形態の複合化は、見方によれば時の流れとも見ることができる。しかも日本においては西欧の都市経営の根幹にある、合理的な秩序化の手段としての純化という思想がそもそも伝統的な都市の中で稀薄であったとき、よりいっそう明瞭に現れている。

フランスの哲学者ミシェル・フーコー［9］が指摘しているように、近代における都市計画理念とは、王政君主に代わる社会民主主義という名のもとの官僚を中心とする権力が見えざる手によって、大衆を管理していこうとすることであっ

〔図8〕《スパイラル》断面図、東京・南青山、一九八五年

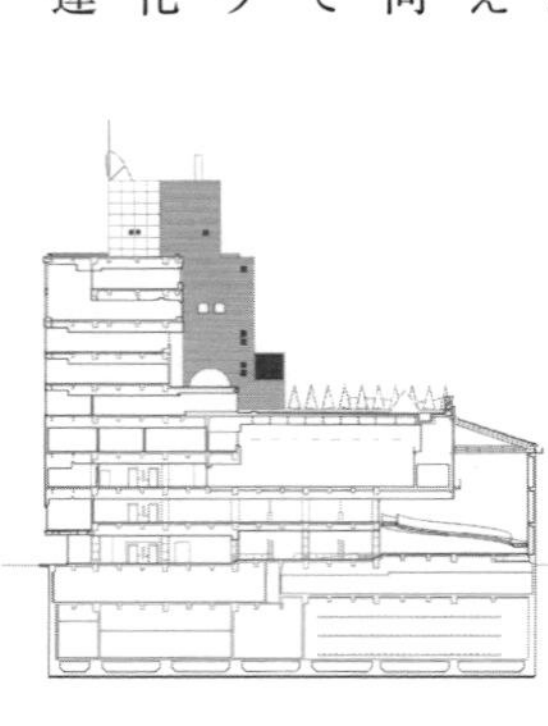

9　Foucault, Michel、一九二六－八四。「絶対的な真理」を否定し、「狂気と理性」「知と権力」について、「知の考古学」といわれた批判的立場からの歴史研究に没頭した。代表作に『狂気の歴史』『監獄の誕生』など

た——もちろんそこには安全、平等、健康の保持などがモットーとして掲げられるが——。空間の秩序化の手段そのものであったともいえる。しかし、それらが静的な都市秩序の再構成を試み、そして今日、欧米の各都市で破綻をきたしつつある現実を見るとき、おそらく、我々は別の手立てを考えなければならない時期にきているのである。

先に述べた日本の都市、特に東京のような都市は、しなやかな構造と、しなやかな理念によってつくりかえられてきた。しかし空地を犠牲にすることによってしなやかさを保持してきた東京も、近年急速にビル化が進むことによって、以前のような弾力性は次第に限界に近づき、多くを期待しえない時期に近づきつつあることもまた事実である。

しかし、一方において、都市は永久に変化するものとして、つねにプロセスにおける平衡性、部分の充実化によって、都市を〈愉しい〉ものとしてきた伝統は、おそらく今後も存在しつづけるであろう。

このように都市をあらためて、人工的な合理的秩序の場に対して自然に存在するような、変化しつづける一種の〈地理的秩序〉ともいうべき概念によっておきかえうる時代が到来したこともまた明らかである。

今日、建築家、そして作家、芸術家、ジャーナリズムあるいは都市産業に参加する者たちが〝都市の感性〟という表現をよく用いる。都市はもはや、たんに計画する対象でなく、むしろ第二の自然として、存在という認識をもつことによって、我々は都市を歴史的事実として共有する時代にきていることを意味している。

そこでは都市は、ちょうど農民が自然とともに生計を営むように、再建するものでなく、耕すものなのであろう。そして、こうした視点に立ったときに、さまざまな価値の選択によって生まれる、限りなく調停された場としての都市は、我々をたえず刺激する魅力ある対象となるのである。我々は都市から学び、都市といかに対話するか、よりいっそう考えていかなければならない。

流体化する細粒都市

細粒都市の特徴の一つは都市の流体化にある。流体化の本質は平山洋介が『不完全都市』で指摘しているように、強いそれぞれの個の存在が都市の常態の維持を拒否するからである。それだけではない。ロレーナ、アレッシオという日本をよく知るイタリアの社会学者が指摘しているように日本の都市の特徴は、①フラクタルな街で自己相似性がない。②街がさまざまな要素で構成され、それらの要素は相互に依存している。③街はさまざまな階層と構造の出会いの場である。④街は秩序の要素と無秩序の要素が共存し、おたがいに競争もするが、協力もする、などと述べている。

10　地域の核心部に集中する再開発など。近年では周辺農村などへの広域化が進んでいるところもあり、それらを含んだ計画の重要性も認識されつつある

これらはなぜこのように日本の都市が存在するかというダイナミクスを理解するうえで、適切な指摘である。このような日本の都市の流体化に対して、上位性都市計画〔10〕がもはや有効でないことは明らかである。しかし、都市のごく一部ではある安定したしかし限られた範囲での景観を維持し、それをサポートするコミュニティ意識も存在することは、たとえば我々が半世紀かけてつくりあげてきた《ヒルサイドテラス》を中心とした地域にも見られるのだ。このような新しいコミュニティ意識に基づいた景観の保持は、流体社会の中においてもけっして不可能ではない。

こうした現状から当然、小さいところから安定した場所をできうる限りつくりあげていくという戦略に我々が傾斜していく理由があり、希望がある。このことは『不完全都市』の「都市の18」においてもすでに触れているが、最近刊行された大阪府立大学の武田重昭〔11〕らの著書『小さな空間から都市をプランニングする』に収められている関西のいくつかの事例は、まさに下からの計画の必要性を示している〔図9〕。

私の提案しているミニプランニングも東京や大阪のような大都市ではボランティアの人材に事欠かないかもしれないが、疲弊する小都市では難しいかもしれない。もっと別な戦略が必要なことをこの本のいくつかの例は示している。

11　一九七五―。緑地環境系准教授。研究分野はランドスケープ科学を含む環境農学

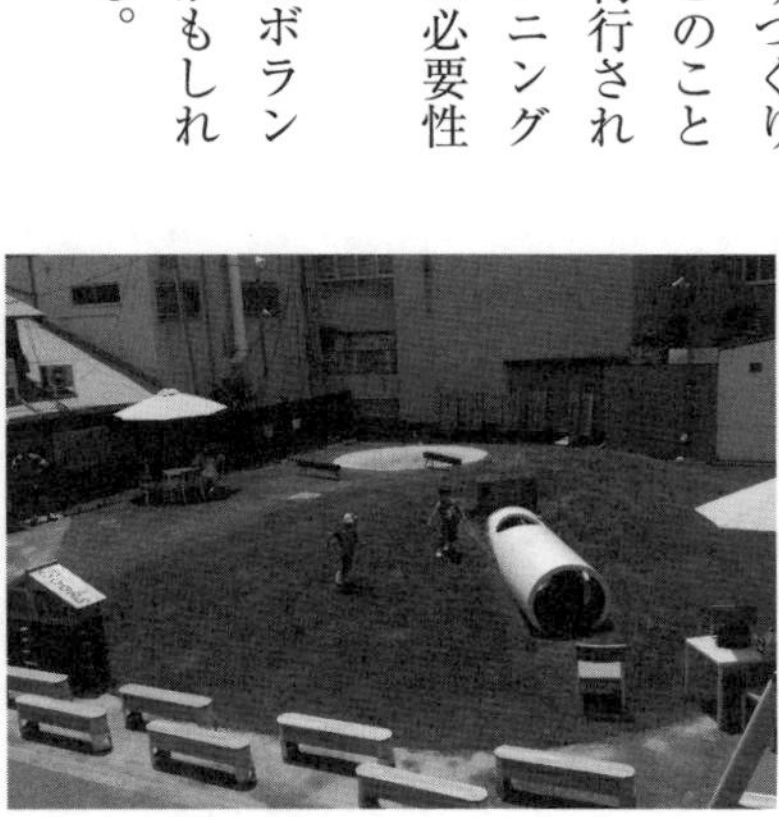

〔図9〕　心ときめかす都市空間《みんなのひろば》、愛媛県・松山市、梅岡設計事務所、設計協力：松山アーバンデザインセンター、二〇一四年
写真＝小野悠

都市の本質

当然、日本の都市、特に東京はさまざまな負の遺産も多く抱えている。その中でも最大の問題は周知のように、少子高齢化、人口減少に伴う税収入の減少による、適正な社会政策施行の困難性にあるといえる。これらについては本論の目的ではないので、他の識者の論考に任せるとして、ここでは私が遭遇した象徴的な経験だけを紹介しておきたいと思う。

私は二〇年近く前、横浜市にコミュニティセンターを設計したが、最近近くまで行く機会があり、どのようにこのセンターが利用されるかを知りたくて夕方センターを訪れた。体育室では何人かの人々がバドミントンに興じ、少数ではあったが図書室で静かに本を読む人もいた。ここまでは予想内であったが、最後に案内された四、五〇人用の老人室はほぼ満室であった。案内してくれた介護士の説明では、この日の人たちの平均年齢は九三歳、そのうち七〇パーセントは認知症の老人であるとのことであった。彼らは自宅までセンターのマイクロバスでdoor to door serviceを受ける。一〇時から午後四時までセンターで昼食、希望があれば大浴場での入浴、時にカラオケに興ずることもあるという。それがすでに二〇一五年の現実なのである。

かつて紀元二世紀の論客、ヴィトルヴィウスは建築の三大原則として用・強・

美を謳った。近年、あるヨーロッパの識者の一人がヴィトルヴィウスのいう美、ラテン語のVenustasは、実は美ではなく歓びではないかという提言を行い、多くの識者がその解釈に同意しているという。なぜならば変動する美意識に対し、歓びは人間にとってより普遍的な価値であるからだという。私見ではVenustasとは美であり、また歓びであると思うのだ。興味のあることは美は特に建築の姿に対して与えられ、歓びは空間が与える場合が多いというのが事実ではないだろうか。

ヴィトルヴィウスのいう建築における三大価値がそのまま都市にも当てはまるのだろうか。都市の強とは地震も含む自然災害に対する強さであり、用とは利便性、たとえば日常生活圏において歩行距離内での必要行為の充足度、あるいは東京のように約束した時間に人に会うことができる（ジャカルタではできない）交通網の整備度、また安全性もこの中に含んでよいだろう。そして都市の本質の一つとしてVenustasがあるとすれば、多くの人にとって、それは空間、特に日常生活圏の中での都市空間がどのくらい人々に歓びを与えるものであるかという問いに対する答えでもあるからだ。

東京に住む人々がもつ東京のイメージはさまざまだ。一〇〇万人の人にとって、一〇〇万の都市のイメージが存在するはずである。彼らの都市のイメージはそれではどのように構成されているのだろうか。まず彼らの日常的生活圏がつくりだすイメージ、その次に時に訪れる彼らが好む非日常的生活圏のイメージ、そして新聞、テレビ、あるいはソーシャルメディアからつくられるイメージ、その総体であるといってよい。その中で日常的生活圏はそのイメージの中でも固有であり、かつ重要である。都市が与える歓びとは、彼らの日常生活圏の中で得る歓びがその中核をなすことは間違いない。

なぜならば都市に住もうと、あるいは田園に住もうと、ルーティンすなわち繰返しの振舞いが人々にとって快楽、すなわち歓びの源泉であるからである。今日もつつがなく、予想していたルーティンの行動を終えたか否かが重要なのである。それは旅行者が期待する非日常的体験の集積から得る快楽と対称の位置にある。そのとき、都市空間やその姿はそこに近接して行動する人々にとって、優しくあるいは心地よいものでなければならない。幸い細粒都市、東京はさまざまなかたちで人々の関わりあいを、たとえば緑化一つにしても、与えてくれるであろうし、また積極的にそうした関わりを刺激するものでありたい。

そうした参加への欲望は、多くの人々が潜在的にもっている欲望である場合が多い。したがってこれからの都市では、たとえば公共オープンスペースであれば住民参加型の広場が必要となる。将来の東京ではすでに指摘しているように、多くのパブリック施設（学校も含めて）利用者減少、あるいは維持管理困難なものが増大する。そのとき、その一部を住民参加型の広場にしていくことも一つの可能性を示している。我々は現在、建築からでなく、広場群を核とする都市を形成し得ないか考えている。歓びということを都市空間のテーマとして掲げれば、そのあり方には無限の可能性がマクロ、ミクロのレベルで広がっている。

都市の象徴とは何なのか

もしも貴方の都市の象徴とはどれですか、そしてなぜそれなのですか、という質問を各国の人々に聞けば、おそらくこれもさまざまな答えが返ってくるであろう。たとえばバルセロナであればサグラダ・ファミリア、パリであればルーブル宮とコンコルド広場。それでは東京では何かといえば皇居と皇居前広場。ロンドンでもハイドパークとバッキンガム宮殿は別なのである。

このような都市の象徴とは全市民にとっての〝誇り〟であり、その誇りが歓びでもあるのだ。歴史的な大聖堂、モスク、宮殿あるいは近代の図書館、美術館、競技施設、鉄道駅などにもその誇りの象徴といえるものは枚挙に暇がない。それらは市民の日常的空間、あるいは非日常的空間の核を形成している。

こうした都市の文脈、特に東京という都市の文脈の中で、いま話題となっている外苑の《新国立競技場》が都民にとって何であるかということを少し考察してみたいと思う。

この《新国立競技場》はまだ設計中の施設であり、実現したものではないが、発表されたイメージ図、模型などに対し、すでに景観上、安全上からのさまざまな懸念が識者、一般市民から表明されていることは周知の通りである。私自身の個人的な経験からいっても、一建築施設がごく短期間にこれほどの批判を浴びた、あるいは浴びている例はほかに知らない。なぜなのか。ひと言でいえば敷地に対してオーバーサイズなのだ。去年、横浜港に寄港し、橋の下を通れるとか通れないとかちょっと話題になった客船クイーンエリザベス三世。客船は二、三日でいなくなるからいいが、建築は五〇年、一〇〇年とそこに居座ることになる。しかもこの巨大な《新国立競技場》案の架構の足元の断面積は、２ＤＫアパートのそれに匹敵する大きさの巨大な土木架構物である。

それだけではない。大聖堂は二四時間礼拝者のためにオープンされている。しかしこの施設は年間六〇日間、しかも限定された時間帯だけそこへ来る観客のためにのみ解放され、残りの三〇〇日は沈黙の土木架構物、つまり都民の日常生活と無縁のものなのだ。北京の《鳥の巣》は周縁に道路との間に充分なオープンスペースがとってあるので、見たくない、寄りたくないものは近づかなくても済む。たとえば《東京ドーム》はこれよりはるかに小さい建物であるが、ここは大きな興行施設街の一部であるために建物がクローズされていてもあまり気にならない。

この地区はそうではない。

先に述べた都民の〝誇り〟あるいは歓びを与えるものからほど遠い施設なのである。冒頭に述べた東京の穏やかさ、優しさはもちろんない。しかも都心に近いところで八万人の観客をイベントの終了時に処理する交通機関の能力にも懸念がもたれている。

現時点において施設のコストは二〇〇〇億円から三〇〇〇億円の間といわれている。現在、国家予算が三〇〇〇億円以下の国は九〇カ国にのぼる。ブータン、アルバニア、カンボジア、ラオス、タジキスタン以下…。それだけのコストをかける価値の施設なのだろうか。答えは否であろう。なぜならば、それは観客席八万人の規模の施設にイベント用の天蓋をつける多目的施設であるからである。詳述は避けるが、天蓋の開閉装置、充分な芝生育成のシステムなど多くの技術的問題を残したままでもある。

しかも巨大な移動式観客席を考えると、その維持管理費、置換費は莫大なものとならざるを得ず、そのツケは国税、あるいは都民の税金というかたちで支払われることになろう。先に私の《横浜コミュニティセンター》のところで述べたように、二〇年後、三〇年後の東京はさらに老人対策費に多大の税金を使用しなければならないのだ。つまり巨大なコストをかけてこのように狭隘な敷地に複合施設をつくろうと思う国は皆無である。なぜならサッカー場、ラグビー場、そして有蓋イベント施設は別個につくればいいからである。

一九六四年に開通した新幹線は、そのソフト、ハードの技術面において五〇年後の今日でも多くの国から要請があるという。それが真に世界に誇れる技術なのだ。誰もほかでは欲しがらない巨大施設、いかにそこにさまざまな小さな知恵や工夫がなされても、笑い話にしかならない。

ちょうどそれは、まわりを見回しても一匹もいない地球最後のダイナソアー[12]の姿に似ている。イギリスの経済誌"ECONOMIST"はかつてこの計画をCapital Crime、死刑に相当する犯罪だと指摘した。いささか大袈裟な告発だが、このまま実現すれば、日本の近代都市建築史の中で大きな汚点を残すことだけは間違いない。それはこれまで述べてきた穏やかさ、安全性、日常生活あるいは非日常生活において歓びを与え得る施設からはほど遠いものであるからだ。

12 dinosaur、巨大で扱いにくく時代遅れなもの

《ヒルサイドテラス》とソーシャル・サスティナビリティ

一九六〇年代の終わりに始まったこのプロジェクトは巨大でもなければ、また建築自身が社会的に注目を浴びるような美術館、コンサートホールの類でもない。それは二〇〇〇平方メートルに満たない店舗と集合住宅のコンプレックスから始まった。四〇年前も今日でも、ごくありふれたビルディングタイプである。またこのプロジェクトはその形態、プログラム、あるいは素材の利用においても特に革新的なものでもない。にもかかわらずこのプロジェクトが今日なお新鮮なメッセージを送りつづけ、社会的にも関心を与えているのは、一つには単なる建築の複合体であるということを超えて、小さいながらも東京の中で独特の雰囲気をもった社会的資産として広く認知されつつあるからではないだろうか。それは広い意味でソーシャル・サスティナビリティの実現であるといってよい。

あらゆる公共施設は建築も土木も含めて社会資産である。しかしここで民間資本が投資し、所有するこのプロジェクトに対してあえて社会的資産という言葉を使ったのは、ここに住み、あるいは仕事をする人たちにとってだけでなく、ここを訪れる、あるいは通り過ぎる人、あるいは周辺に住む人たちに対しても、ある安定したかつ親しみのある都市環境を提供することに成功しているからである。

ソーシャル・サスティナビリティは単純に技術的な成果を目的とするサスティナビリティと異なって、人間を中心としたさまざまな複合要因によって初めて成果を挙げることができる。以下、《ヒルサイドテラス》のプロジェクトでは何が与えられ、何を考え、その特徴としてきたかを客観的に分析することによって、逆に今日我々の都市では何が希薄となっているかを明らかにしていきたい。

このプロジェクトの発端

朝倉不動産から第一期の計画の依頼があったのは一九六七年、私が長いアメリカ生活に一つのピリオドを打って、日本に戻り槇総合計画事務所を一九六五年に設立してから二年後のことである。朝倉不動産は旧くからこの地域で米穀商を営む大地主であった。この地域、地勢の特徴を挙げると、まず周辺は大使館公邸も含めて大邸宅が旧山手通りに沿い展開する静かな住宅地であった［図10］。地域のゾーニングは建物の高さを一〇メートルに抑え、容積率も一五〇パーセントという当時から東京では最も低密度に抑えられた地区で、緑の深い場所であった。しかしこの地区の中央を貫く旧山手通りは両側の歩道も併せて幅員二二メートルとこうした地区では大通りで、東京には珍しいこうした豊かな道と低密度の街区というコンビネーションが今日の《ヒルサイドテラス》を含めたこの地区のスケールと雰囲気を決定しているといってよい。

［図10］歩道を含めて幅員二二メートルの旧山手通り

なぜならば東京では多くの場合、道路の幅員に従って、そこに沿う地域の容積率と用途が決定される場合が多いからである。なぜこのようなことが起きたのか。それは朝倉不動産の先々代朝倉喜久次郎が当時の狭かった正面道路に対して、これからの東京の町はもっと立派な道をもたなければいけないとし、彼の所有する多くの土地を市に提供し、これを実現したのである。しかしここに住む別の政治家が低密度をキープすることを提案し、今日の姿が出来上がった。

代官山地域は東京都心から西へ約七キロ、山手線の外側に位置している。一九〇〇年頃にはまだ周縁に農地も多い地域であったが、この《ヒルサイドテラス》の中心にある猿楽塚は六、七世紀の円形古墳の一つであるところから、また旧くから江戸と関東西部を結ぶ街道にも近く、人々の往来が少なくないところであったことが想像される。

そして一九六〇年代になって、朝倉家で、それまで広大な家族の住む所有地を漸次、今日見られるような集合住宅と店舗を組み合わせた複合施設に変えていきたいという要望が高まり、まず第一期の計画として彼らが所有する敷地の東端の一画からこの計画が始まった。二年後に完成した第一期プロジェクトは低層部にギャラリー、レストランをもった白いモダニズムの集合住宅であり、いまでこそ珍しくないが当時東京の郊外にこうした建築が出現したことで世間の注目を浴びることとなった。

段階的開発（一九六七―一九九二）

爾後、約四半世紀《ヒルサイドテラス》は六期にわたってゆっくりと段階的開発を繰り返して成長してきた。それは当時から日本の大都市周縁のニュータウン、あるいは昨今見られる大都市の中心部も含めた大規模開発と異なって、小規模でありながら継続的に、段階的開発を行ってきた。現在流行りの言葉でいうならばスローアーキテクチャーともいうべきものであろう。

その第一のメリットは、各段階の間に施主や建築家もそれまでに建設された部分の優れた部分、いたらなかった部分などを客観的に分析し、また当時急激に変化しつつあった周縁の状況に対応しながら、次のフェイズのデザインについて、充分考慮しながら設計する充分な時間が与えられたことである。幼児を次第に育てていくとともにその成長を見守る愉しみにも似た経験が我々の中につねに存在した。

第二のメリットは、建築家の時代とともに変わっていく自分の建築観、新しい空間構成の発見、あるいは素材の利用などを通して随時その集合体に統一と変化を自由に与えることができたことである。

第三のメリットは、第一期の建物は建設されてからすでに五〇年を経ているが、全体にあってなおそれぞれが当初の新鮮さを失っていないということである。それは同種、同年齢の数人の集団を見ているよりも四世代の家族の一団を見ているほうが興味が尽きないことに似ている。二〇一九年一一月に第一期計画が五〇年を迎えることを記念して《ヒルサイドテラス》［図11］においてささやかな展覧会が開催された。

さまざまなパブリック空間の展開

先に述べたように低層、低密度の建物群の集合体にあっては、それぞれ特徴のある、しかしヒューマンスケールを有した広場やコートをつくることが可能であった。そしてこれらのパブリックスペース群の存在が、《ヒルサイドテラス》が一般の人々に強い印象を与える一因となっている。第一期のコーナー・プラザとサンクン・ガーデン、第二期の中庭、第三期の猿楽塚を囲む外部空間、第六期の広場、そしてそれらを連結するつなぎの空間は小規模な都市空間に豊かさを与えている。特にヨーロッパの街区型のパブリックスペースと異なって、《ヒルサイドテラス》ではでき得る限り人々に経路の選択を与えるよう内部、外部の空間の連結に配慮がなされている。

つまり一つの建物に道路の一方から入り、別なところに出て来られるようにすることによって、空間体験を豊かにさせようと意図してきた。それは昔の東京にあった路地体験に相似したものかもしれない。幸い旧山手通りは広い歩道と並木に恵まれているので、さらにその内側にでき得る限り植樹することによって、一階空間の透明性と相まっていわゆる空間に「奥性」をつくりだしている。ここ

［図11］《ヒルサイドテラス》全体模型（第一期〜六期、デンマーク大使館含む）

は大きなショッピングモールではないので、少人数の人々にとって心地よいスケールをもったこうした小外部空間が、全体に独特の雰囲気をもったアーバニティをつくりだしている。

住居ユニットの多様性

第一期が完成した六〇年代の終わり、まだ若かった私は当時かねてからデザインしたかったメゾネット形式の住居ユニットを試みた。約一〇年後、第三期の計画が始まった七〇年代の初め、当時東京で流行しだしていたワンルームマンションがその一部に取り入れられている。あるいは一九九〇年代の初め、いわゆるSOHOと称される働く場所と住む場所がより一体となった住居ユニットも採用している。ここではでき得る限りフレキシブルに大部屋を分節化可能とし、一方最小限の寝室とウエットスペースという空間構成となっている。

そのほかにも地勢を利用した階段状のテラスハウス、屋上庭園を囲みながらつくられたユニットなど、さまざまなタイプの開発を行ってきた。したがって画一的なすべてが均質な大規模な集合住居と異なって、ここではさまざまなライフスタイルをもった人々の要求に応え得る住居群を提供することができている。特に一九九〇年に当初のゾーニングの用途規制が一部緩和されて以来、さまざまな住居ユニットを仕事場とするテナントが増えている。ロボットのデザインから建築、グラフィックデザインにいたるまで多彩な知識産業に従事する人々がこの《ヒル

［図12］《ヒルサイドテラス》の住居ユニット（右：C棟屋上庭園を囲むユニット、左：D棟ワンルーム型ユニット）D棟写真＝門馬金昭

サイドテラス》を中心に蝟集しつつあり、ここを中心とした特別なコミュニティも生まれつつある［図12］。

文化拠点としての《ヒルサイドテラス》

第三期が完成したのは一九七七年であった。第一期が完成してからほぼ一〇年が経過した頃、たんに集合住居、店舗、レストランだけでなく、将来ここをさまざまな文化活動の拠点とすることを建築家とオーナーの間で合意した。その結果、第四期には新しく貸ギャラリーをつくるとともに、第五期は地下空間とし、そこに二〇〇人の規模の観客スペースを有する小音楽ホールをつくった。また音楽会だけでなく、さまざまなイベント、展示会にも利用されるよう設計されている。当然こうしたハードウェアに対応したソフトウェアもまた必要となってくる。七〇年頃日本でも代表的な建築雑誌であった『Space Design』誌が主催し始められた、主として若い建築家を対象とした建築展「SDレビュー」は日本における若手建築家の登龍門として今日なお続けられている。

《ヒルサイドテラス》の第六期（一九九二）においては、より本格的な展示ギャラリーをその一画に設置し、その活動を始めてからすでに二〇年近く経過してきた。建築、美術、映像などさまざまな展示がここで行われ、対象は海外からの出展も含めて、国際的な情報発信地となりつつあり、こうした長年の文化活動に対し社団法人企業メセナ協議会［13］より朝倉不動産が顕彰されている。そして二

13　芸術文化活動への助成、これらを基盤にした社会の創生に取り組む公益社団法人

年前にこのギャラリーにすぐ隣接して、会員制のライブラリーを設置した。一〇〇人の知識人から一〇冊ずつ自選する本を寄贈してもらうなど、特異な性格をもったライブラリーである。ここで私が特に強調したいことは、こうした建築、美術、音楽、読書を通じて、この《ヒルサイドテラス》を訪れる人々の層がさらに厚くなったということである。現在ライブラリーは第四期の二階に移動し、ここはさまざまなイベントに開放されている［図13］。

旧朝倉邸の重要文化財登録

元々現在の《ヒルサイドテラス》の敷地は、より広大な朝倉邸の一部であった。太平洋戦争後、朝倉家は旧朝倉邸とその庭園約一万平方メートルを財産税として国家に納入し、以後日本の財務省がそこを管理し、財務省のクラブハウスとしてこの施設を使用してきた。しかし近年日本の財政悪化に伴い、こうした国有管理地を入札制によって民間に競売することが盛んになった。その中に旧朝倉邸のように、文化的価値のある建築も少なくなく、こうした行為が識者の批判の的となることも少なくなかった。そして近隣から始まる保全運動もなかなか成功しない例が近年多くなってきている。

二〇〇二年、この旧朝倉邸と庭園が競売に付されるという通知を財務省から受けてから我々の保全運動が開始された。たんに近隣からの賛同を受けるだけでなく、この《ヒルサイドテラス》とその環境に愛着をもつ多くの知識人、実業家、

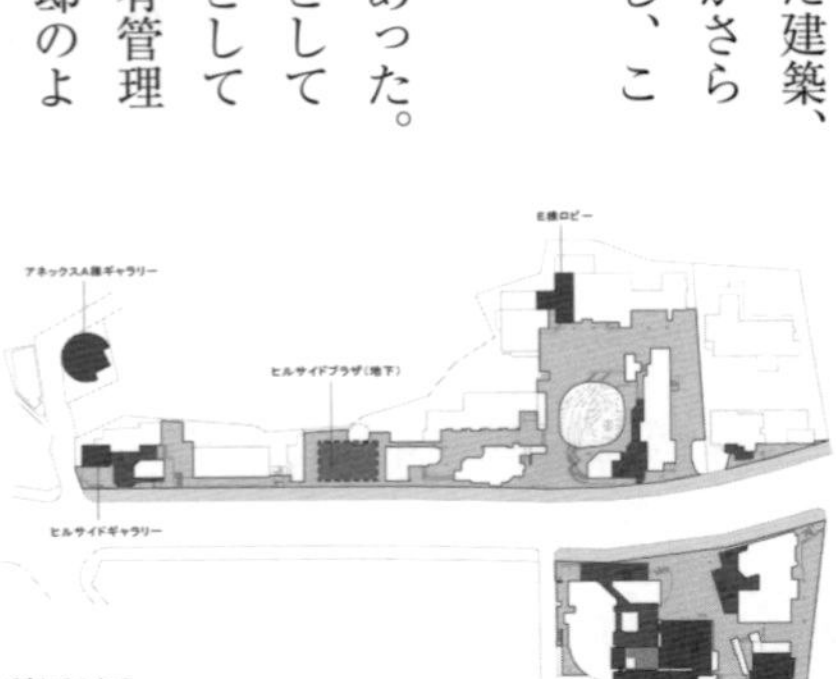

［図13］《ヒルサイドテラス》のさまざまな文化活動を担うパブリックスペース

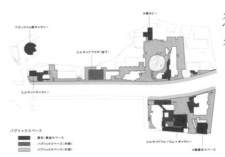

政治家まで含めた運動となり、特に学識経験者たちの努力によって文化庁から、二〇世紀初頭に建てられた純和式建物とその庭園が重要文化財として認可されることに成功した。その後、この建物は建設時の状態に文化庁によって修復された。現在渋谷区が建物と庭園を一般の人々に開放するとともに、すぐ北側の《ヒルサイドテラス》とゲートによって接続もされている。この結果、豊かな緑を慕ってくる鳥や、昆虫も従来通り異ならない。さらにこの一面が開放されたことにより、市民のためにこの地域一〇〇年の歴史を直接実際の建物や庭園を通して経験できる場がつくられたことになった［図14］。

さらに第三期の近くにある古墳跡、茶室を含めてきわめて限定された場所の中に、こうした長い歴史の足跡が共存することは東京でも稀有なことであるといってよい。

コミュニティ・アーキテクトとしての役割

現在私の事務所も《ヒルサイドテラス》から約五〇〇メートル離れた《ヒルサイドウエスト》にあり、これも朝倉不動産の所有で我々が設計したコンプレックスである。したがって朝倉不動産とはつねに密接な連絡を日常的にとることができ、さまざまな企画の相談を受けることも少なくなかった。また我々の設計した建物も年月が経つとともにメインテナンスも必要となる。このように四〇年間につくった建物群を通して、我々が外壁材の耐久性、ディテールの納まりなどが時

［図14］ 重要文化財に認定され、現在は見学も可能な二〇世紀初頭に建てられた朝倉家住宅

間の経過とともにどのように変化し、またどのように手当をしなければならないかを知ることができた。空間の使われ方も含めて、自分のつくった建物を通して、我々は建築の実態、特にモダニズムの建築体質を直接経験することができ、ここから得られた知識、反省は我々の次の設計に対してきわめて重要な財産となっている。

また《ヒルサイドテラス》はこの代官山に地区としての一つのスタイルをつくり上げたため、爾後この旧山手通りに面して設計された建物もデザインこそ異なれ、ある共通の雰囲気を分かちあうものになっている。さらに新しい開発に対してもでき得る限り、敷地に残る大樹の保存、あるいはさらなる緑化によってこの地区に緑豊かな景観をつくりだすように努力し、また地区の美観を損なうような企画に対してはその方向の是正を促すなど、地域全体の町づくりに有志の人々を中心にした運動を進めている［図15］。

建築家にとって、ある一つの地域の環境保全に対して深く関わることは、今日のように流動性の高い時代にあって建築家の活動範囲の拡大とともにきわめて困難になってきている。そして往々にして建築をつくりはするが、しかしそれがどのように成長していくか長期にわたって見届けていく機会はどんどん失われつつある。このように《ヒルサイドテラス》の計画を通して、このコミュニティと深く関わりあう機会を得たことを私自身、心から感謝している。かつて建築家は近

［図15］保存された大樹の傍らにモニュメント、脇田愛次郎、一九七七年

くに住む棟梁も含めて、彼らが住むコミュニティの一員として地域の建物の計画、建設、改修、補修に携わるのが常であったが、こうした仕組みは近代社会においては急速に消滅しつつあるからである。

ソーシャル・サスティナビリティについて

私がここまで《ヒルサイドテラス》についてその設計から実現までのプロセス、あるいは設計上留意してきたこと、あるいは周辺との関係について述べてきたのは、《ヒルサイドテラス》の計画、そこで展開される生活の様態を一つの鏡として捉え、今日の都市のあり方に対するコメンタリイ（解説）として捉えようとしたからである。このプロジェクトを通して見えてくることは、ソーシャル・サスティナビリティを保全するのは究極にはそこに住み、働くあるいは訪れる人々の意志と行動に基づくものであり、けっして制度とか、規約によるものではない。上部構造からでなく、個々の人々の意志のまとまりによって初めて維持されていくものなのである。

かつてのように中核家族の集団によって何代も維持されていくコミュニティではなく、善意の人間の集団によってのみ支えられていくものなのである。そのためにも集団はあまり大きくないほうがよいということができる。なぜならば集団が大きくなればなるほど、まとまりを維持していくことが困難となり、制度、規約に頼らなければならなくなるからである。一方こうした集団が自発的にそのコミュニティでつくりあげた制度を自治体が環境保全に対して良好と認めたものは、条例として既存のゾーニングに付加されることが日本では次第に行われつつある。このように上からだけでなく、下からの個々の民意を反映させたものが必要となる。その一つの例は、《ヒルサイドテラス》を含むこの地区の電柱が他の地区よりも早く撤去されたことにもある。

今日、大都市の居住形式は圧倒的に集合住宅化し、特に高密度化された都市においてはその高層化、超高層化が進んでいる。このとき最大の問題はどのように偶然の出会いの可能性を高め得るかということであり、そのためにはこうした住居群が接地する部分の空間的配慮がきわめて重要になる。《ヒルサイドテラス》では先に述べたように低層、低密度の住居集合であるためにつねに出会いがある。高層集合住居で、どのような出会いの場を設けていくか難しい問題であるが、そうした観点からも高中低の住居の組合せがより好ましいという結論が出てくる。

次に《ヒルサイドテラス》から学べることは、でき得る限りヴァラエティがそのハードウェアにもソフトウェアにも存在することではなかろうか。たとえば《ヒルサイドテラス》ではさまざまな住居タイプが存在し、異なった住居スタイルをもった人々に対応していることはすでに述べた。また住居、店舗以外にギャラリー、イベントホール、図書室、あるいは集会室をもつことによってさまざまな人々の出会いの機会を多くし、こうしたコミュニティに厚みを増している。

ミクスド・ユースが我々の都市社会で要求されているが、たとえば日本のように高年齢化社会では、老人ホームと幼稚園を隣接させることによって、老人と幼児が接する機会を多くすることは、かつてあった三世代居住方式が減少しつつある現代においてきわめて有意義な考え方ではないかと思う。このように新しいソーシャル・サスティナビリティを考えたとき、これまで完全に分離されていた農村地と都会との新しい融合形式を模索した考え方も、多くのプランナーたちによって進められている。

日本では穏やかな山郷を背にした村落が展開しているところが多い。しかし近年山郷にある集落も若年層の都市流出に伴い、廃村に追い込まれているところが少なくない。そのようなところに都会から人々が移住して地域を活性化するとともに、その人々の多くは一方において都会にも拠点をもち、その人々によってさまざまなソフト面での生活の刺激を農村にも与えようとする試みがある。こうした考え方は国際的にも注目を浴び、たとえばハーバード大学のデザイン学部大学院の学部長のモーセン・ムスタファヴィ［14］が彼のエッセイ“Ecological Urbanism”でも同様な提言を行っている。また同じ論文で彼は旧いものの再利

14 Mostafavi, Mohsen、一九五四－。時間の経過や環境の作用により変貌、風化しながらも、ますます豊かになるものこそ真の建築と論じる。二〇〇八－二〇一九年ハーバード大学GSDの学部長を勤める。共著に『時間のなかの建築』（黒石いずみ訳、鹿島出版会）

用（recycling）を唱えている。たとえば建築や構築物の単なる保全だけでなく、新しいものに転用することである。その例としてマンハッタンのハドソン河では、廃止となった高架鉄道を撤去するのでなく、その一部をハイラインと称する空中公園に転化し、現在現地で最も注目されるリニアな線型な公園に変身させた。

これは《ヒルサイドテラス》の旧朝倉邸がたんに保存されただけでなく、その庭園と住居も一般に公開され、特に住居は花見その他さまざまなイベントにも供されているのと同様の試みである。つまり新しいパブリックスペースとして再生されたことはスケールこそ異なれ、ニューヨークのハイラインと同じスピリットによる再生事業であったといえる。こうした一連の例から浮かび上がってくるのは、ソーシャル・サスティナビリティを維持していくのに最も必要なものは人間の意志であり、アイディアであり、その建築、場所、地域に対して人々が誇りをもつことであり、歓びを感じることでなければならない。

《ヒルサイドテラス》の個々の建物はアクロポリスのパンテオンや、桂離宮のような美しいものではない。しかしこの建物の一群がそこに住む、あるいは来る人々に静かな歓びを与えていることは事実である。それがソーシャル・サスティナビリティの基盤を形成しているといってよい。五〇年にわたる《ヒルサイドテラス》との関わりあいを通じて、私自身何を学んできたかを少しでも明らかにしようとしたのが、このエッセイの目的であり、今後もさまざまな出会いを通じて現代都市社会がもつ一面をさらに探究していきたいと思っている。

《ヒルサイドテラス》を中心とした新しいコミュニティの発生

私が《ヒルサイドテラス》と《ウエスト》（一九六九〜一九九六）の仕事を終えてからすでに二〇年ほどが経過している。この仕事は周知のようにいくつかのフェイズによってゆっくりと実現していったために、その間にここに住む人、働く人たち、このプロジェクトのオーナーを中心とした集まりが自然に形成されていった。それが現在「代官山ステキな街づくり協議会」ができる発端になっている。現在の会員は一〇〇名を超え、メンバーの住所も猿楽町と周縁、そして全く離れたところに住む人々も含まれている。その会の目的はこの旧山手通り、八幡通り、そしてその周縁も含めた地域のまちとしての姿をよりよくしたいと思う人々の志を反映したさまざまな行動の核としていることにある。それは時に周辺に起こりつつある新しい建設事業についての異議申立ても多く含まれている。

［図16］は、この会がここ十数年間関与してきたこの地区の物件を示している。もちろんすべてが会の希望通りにいっているわけではない。この会の提案がこの地域にとってよりよい方向に実現していったと思われるものの具体的な例として①旧朝倉邸とその庭園が重要文化財の指定を受け、その後パブリックに開放され

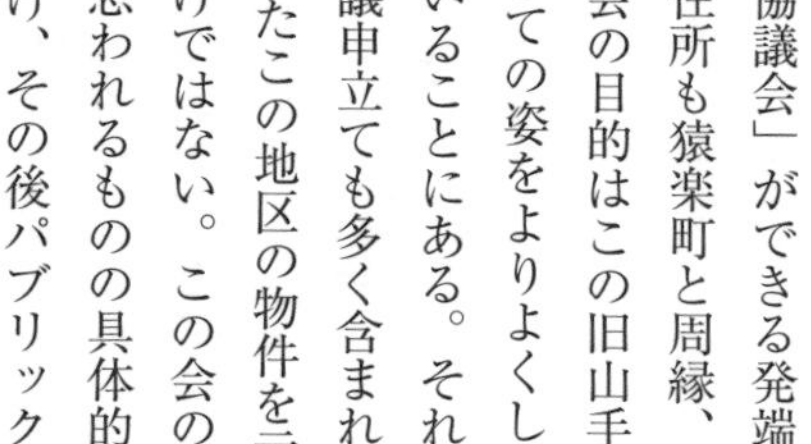

［図16］「代官山ステキな街づくり協議会」がこの地区で関与してきた物件を示す図

た施設となったこと、②旧山手通りと八幡通りの交差点の陸橋の廃止の決定、③蔦屋の開発地区にあたって旧山手通りに接する部分の樹木群の保持、④近くの乗泉寺地区に当初予定されていた超高層集合住宅の低層化などが挙げられる。もちろん、初期の目的を果たし得なかった物件の数のほうがはるかに多いが、それでもこの地区の開発を目的とする人々にとってこうした組織があることは彼らに対して心理的抑止力として働いていることは事実である［図17］。

さらに渋谷区に仕事場を設けている設計事務所の有志の人々によって、JIA（The Japan Institute of Architects：日本建築家協会）渋谷地域会が形成されている。会員数は約六〇名、主なる活動は定期的な会合以外に、渋谷区の地形学研究、防災研究、探索トレッキングなどを挙げることができる。その中の複数の建築家たちは、先に述べた「代官山ステキな街づくり協議会」にも参加している。

私は同様な活動が現在東京全体でどのくらい存在しているかは知らない。しかし住民、でき得れば定住住民層が、さまざまなかたちでまちにいっそうの関心と理解をもち、その運動を広げていくことが東京のような大都市でも、その将来をよりよくするための必要条件であると考えている［図18・19］。

［図17］「代官山ステキな街づくり協議会」の要望で保持された開発地区の樹木群

新しいコミュニティ・プランニングの提案

ここで提案するコミュニティ・プランの第一の特色は、従来のさまざまな都市計画上の法規制と異なって、あくまでその地域の現状、そして予測される将来に対するレファレンスとして、現在の問題点や今後の可能性を空間的に示唆するものであるということだ。また将来、保存すべきもの、あるいは法制化していきたいルールの方向を示そうとするものである。したがって、その活用は状況に応じてきわめて柔軟性のあるものとなるだろう。

第二の特色は、その地域の住民参加から生まれるコミュニティ・プランづくりであることにある。従来の行政機関、有識者、また専門家による法規制や規制緩和のためのプランと異なって、このプランはあくまで行政、そして住民が、地域全体の理解を深めてゆくためのものである。統計に関して行政機関と統計処理の専門家のサポートは必要であるが、総合的なさまざまな要素の空間化、関係づけについては都市・建築の専門家、市民の協同作業で行われる。

急速に高齢化の進む東京では、リタイアした教育者、行政職、その他の多くの専門地域にあった人々のボランティアサービスも充分期待できる。建築系の大学も数多く存在し、実地調査人員には事欠かないであろう。したがって、行政機関は、このコミュニティ・プランづくりや組織の運営にいっさい責任を負う必要は

［図18］《ヒルサイドテラス》イベント風景。住民参加による新しいコミュニティのかたち

ない。

接続可能な地域、コミュニティといっても、どこから始めていいかわからないという地域や人は少なくないだろう。そのために、東京のいくつか相異なる（たとえば下町、山手、都心地区など）二、三の代表地域を取り上げ、一、二年かけて建築家、都市計画家、統計専門家、有志の住民たちによってモデルプランをつくってはどうか。そして、そのプランを一般公開してパブリックな議論の対象にする。こうしたことが、コミュニティ・プランを拡大再生産していくうえで最も効果的だと思われる。さまざまな点について当然生ずるであろう反対、あるいは異なった意見の併記、オプションの提示も許される計画案である。

さらに統計資料は最終的に区単位、また都全体の動態把握の一助になることも期待される。こうした「ミニコミュニティ・プラン」の集合が東京の将来をより明確に示唆し、都民の希望も反映したものとなることは間違いない。

建築家に求められるもの

日本の建築文化の特徴の一つとしての「穏やかさ」は、どのように形成されているのだろうか。私は二〇一一年のＵＩＡ（Union Internationale des Architectes：国際建築家連合）東京大会の基調講演で、平仮名と漢字の両方が用いられる言語

［図19］《ヒルサイドテラス》イベント風景。住民の関心と理解がステキな街づくり運動の輪を広げる

において、理性と感性のキャッチボールが間断なく行われていることが空間処理のあり方に影響をもたらす一つの要因ではないかと推察した。

前述のバリー・シェルトンも『日本の都市から学ぶこと』において、やはり仮名と漢字の併用言語文化から日本特有の都市建築のあり方を解読しようと試みている。かつて西洋人によって日本の建築がもう一度見直されたように、「カオス」というかたちでしか表現されてこなかった日本の都市を、もっとポジティブに理解しようとする気運が高まっているのではないか。

景観法も結構だが、それぞれの都市の特徴をよりよく理解したうえでのまちづくり、そして一つひとつの建築デザインへの応用が求められてくる。そうした点でも建築家たちが前述した地域のコミュニティ・プラン作成へ参加することは重要な意味をもつ。

大都市、中小都市、農村を問わず、若者の流出をいかに防ぐかが現在の日本の緊急課題であることは、多くの識者に指摘されている。ちょうど廃墟と化した太平洋戦争後の日本の都市の緊急課題が住宅と教育施設の再建であったように、いま日本の都市が直面している問題は、そこに住む人々の人生におけるさまざまなフェイズにきちんと対応した住居環境を整備することにあるのはいうまでもない［図20］。

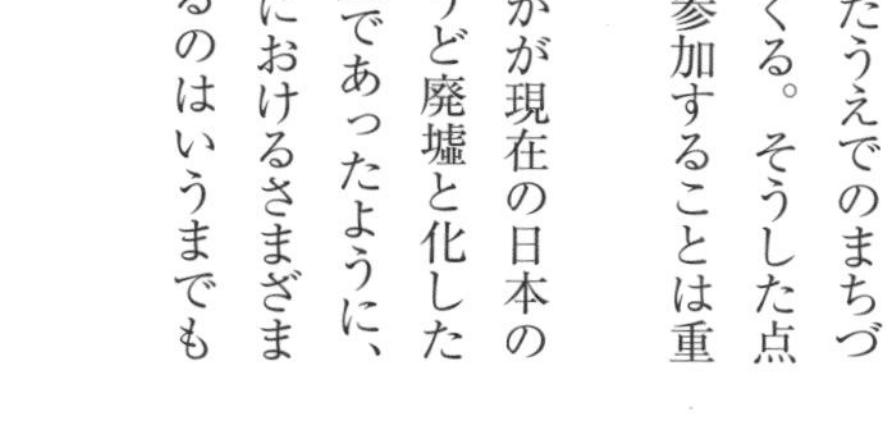

［図20］人々のさまざまなフェイズに対応できる住環境として整備された《ヒルサイドテラス》

《新国立競技場》その後

二〇一三年にザハ・ハディドによる国際コンペ最終案が発表されてから、二〇一八年までの五年間に、《新国立競技場案》はめまぐるしくその内容が変わってきた。そしてめまぐるしく変わってきたのはそのプログラムだけではない。設計者もである。なぜこういうことになったのか。いま、その変遷を振り返ってみたい。

脆弱なインフラ・ストラクチャー

オリンピックのような大規模陸上競技にはサブトラックが要求される。今回オリンピックでは、絵画館の前面の広場をオリンピックに限って使用するということである。このことは、将来サブトラックを必要とするような陸上競技はここで行えないということである。だから主にサッカースタディアムとして利用できればいいという答えは、陸上競技場としての資格がないということの言い訳にすぎない。

八万人の人間が利用するであろう近接するＪＲの千駄ヶ谷駅と信濃町駅であ

るが、どちらも多数の乗客をさばくには特にプラットフォームはきわめて不充分である。メトロについては銀座線の外苑駅と大江戸線の新国立競技場駅である。新国立競技場駅は競技場敷地から二〇〇メートルに満たない至近距離にあるが、そこへの観客の殺到を受け入れるキャパシティがないため、オリンピックの期間中乗客を受け入れないという笑い話にもならない風評が出回っている。これが本当であれば、八万人の観客を集めるサッカー競技にも適用されるのであろうか。

また敷地から外苑駅にいたる道も狭い。先日もこの付近に夕方いたら、神宮球場に行く人で大変道が混雑しているのを目撃した。秩父宮のラグビー場も、神宮球場も改新されるという。この三つの競技場の開催日時が重なったときに、現在の歩行者空間は駅のプラットフォームも含めてきわめて脆弱である。

なぜ現敷地が《新国立競技場》のために選定されたかは、二〇一六年のオリンピックの東京招致案の中でお台場のメインスタディアムが他の諸施設から遠いことをＩＯＣから指摘され、それが招致失敗につながったとする思いが強かった日本の当事者が、今度はこの敷地を選んだのは周知の事実であるが、将来のことを考えたときにすでに述べたインフラの不充分さまで考慮して決定したのか、決定者はどのような機関であったのか、明らかにされていない。その機関の最高責任者は？　首相あるいは担当大臣？

それでは誰がこの敷地の規模、プログラムを決定し、コンペ要項に採用したのか

八万人規模の観客席を有する競技施設であることはＩＯＣからの要求であった。しかしこの施設を有蓋にするという案は日本側独自の案であり、一説によれば、有識者の中のドームの専門家でない委員からこの競技場がスポーツに利用されていないとき、さまざまなイベント開催によって現在ＪＳＣ（Japan Sport Council：日本スポーツ振興センター）が予測する三倍も四倍もの需要があるという提言が、充分にその経済的、技術的可否が検討されないまま有識者会議において安易な雰囲気のまま諒承されたのであろうか。

一二月三一日の東京新聞朝刊の情報によれば二〇一二年三月、すなわち国際コンペ以前の第一回の有識者会議が開かれ、この初回の会合から「八万人がスタートライン」「全天候型スタディアムも必要となる」「ホスピタリティ機能の充実」「コンサート用のための充実した設備」など、のちに当初の予想以上に高額な原因となった施設の拡充に前のめりの発言で埋められていた。

もしもこれが第一回の有識者会議であったとすると「全天候型スタディアム」についてはこの会合の前に決定されたのか、あるいはこの会合で決定されたのか。後述するように全天候型スタディアムはのちのちまで、この施設の高額化、さまざまな技術的問題を解決できないまま、設計者、技術者、施工者を苦しめる最大

の要因となったことを指摘しておきたい。ちなみに有識者会議は一四名の委員で構成され、その中にはのちにコンペの審査委員長であった安藤忠雄も入っている。したがって、この有識者会議が示した方向で国際コンペの骨子が決定されたことは想像に難くないが、実際発表された要項にはこのほかにもさまざまな問題が含まれていた。

その一つに挙げられるのは、国際的に評価の高い賞の受賞者はこうした規模の同種施設の経験がなくとも、そうした経験のある設計事務所と共同で参加できるということだ。私はこの要項を見て驚愕し、また恥ずかしい要項だと思った。なぜならば、これは非受賞者に対し受賞者による差別の宣言であり、国の重要な施設の国際コンペにあってはならないことであるからだ。事実、日本からこのコンペに参加しようとした設計者が私と同様不愉快な思いをしたことを知っている。二〇世紀の建築界に不朽の名作を残したJ・ウッツォン設計の《シドニー・オペラハウス》もR・ピアノ＋R・ロジャース設計によるパリの《ポンピドゥー・センター》［図21］も国際コンペの最優秀案であり、こうした制約のないルールによって当選した建築家は当時無名に近かった。それがコンペのロマンであり、そのロマンの光はけっして消してはならないものだ。

また、当選者を設計者でなく設計監修者としたが、監修者の役割については説明が不充分であった。このことは、私がこの案が選ばれた直後に指摘したように

［図21］　国際コンペ最優秀案として実現し二〇世紀の不朽の名作となった《シドニー・オペラハウス》（右）と《ポンピドゥー・センター》（左）

のちのち禍根を残すことになる。なぜならば、日本国家が有蓋案を白紙撤回するまで、日本のティームと協同して行われた修正案は一〇〇パーセント、ザハの合意のもと行われたのであり、彼女は単なる監修者ではなかったのである。したがって原案の「するめ」が修正案の「かに」になったときに、これはザハ案ではないという擁護もあったが、それは当たっていない批判であったと私は考える。また、このように非常に周縁環境との関係が重要であるコンペが、なぜ模型提出を要求しなかったのか。

私は《東京国際フォーラム》の国際コンペに審査員として参加したが、数百点の参加作品を一つひとつ大きな敷地模型に落としこむことによって図面よりも、パースよりも我々の審査に役立ったことを鮮明に覚えている。《新国立競技場》の敷地も模型提出は絶対条件であっておかしくなかった。あまり参加者に労力をかけさせないという国交省並みの言い分はここではあたらない。なぜならば、誰もが模型でスタディを行うことは決まっていたからである。事実、このコンペで二等になったオーストラリアのフィリップ・コックスとはたまたまよく知っている間柄であり、コンペのあとシドニーに行ったとき彼の事務所を訪れたら、これが二等案であるというきれいな模型がガラスの箱の中にうやうやしく展示してあった。

こうした周縁環境に対しては簡単な説明しかない設計要旨は、模型未提出も含めて、いっさい周縁環境のことは考えなくてもいいコンペ要項であった。日本人参加者は敷地の情況を知ることができたが、海外からの参加者に対してはそんなことは考えなくてよいという姿勢であった。

先に述べた《東京国際フォーラム》は、UIAの規約により外国人三名、日本人二名の全員が数日間議論を戦わし最優秀案以下優秀案を決定した。《新国立競技場》の場合はUIAの規約に基づいていないので海外からの審査員は二名、リチャード・ロジャースとノーマン・フォスターであったが両名とも都合がつかず欠席。審査終了後、日本の審査会が結果を報告に行くという、これもあまり前例がないかたちで終わっている。

最後に不可思議であったことは、当選案が北側敷地境界はおろかJR線を超えていたということである。普通であればこの案は即、没になるのがならなかった。それには審査委員会のそれなりの理由があったのであろうが、それならば少なくともその理由を明確に審査評で述べることは、彼女以外の参加者に対する最低の礼儀ではなかったのではなかろうか。

私自身これまで世界中の国際コンペに参加してきたが、今回外から見ていても、国際的な賞をもらった者に特権を与えたり、不可思議、不充分な条件がこれほど入ったコンペは見たことがない。ひと言でいえば、参加者の立場を考慮しないある種の傲慢さに満ちたコンペであったといえるであろう。

「新国立競技場案を神宮外苑の歴史的文脈の中で考える」のその後

この文章は二〇一三年の夏前、《新国立競技場》の国際コンペの結果、ザハ・ハディド案が選ばれたという新聞の一点の写真を見たときに始まる。すでに多くのところでザハ案に対する批判は述べているので、ここでそれを繰り返す必要はないであろう。ただ隣地に当時さまざまな制約を受けながらつくられた中規模の体育施設《東京体育館》と比較して、あまりにも逸脱したこの案の巨大さと、それに伴うさまざまな問題はぜひ指摘しておく必要があると考えたからである。なぜならば、こうした問題は、特に建築家でない人たちにとってはなかなかスケッチからは判断できがたいし、また建築家であっても問題を指摘するのにはこの環境を熟知している必要があるからである。たまたまこの敷地の環境をよく知っている私が、この問題を世に問うのは建築家というプロフェッショナルの責任であると考えたからである。

しかしオリンピック会場が決定される以前に、このような批判文を掲載することは東京大会実現に水を差すのではないかという懸念から、掲載誌を探し出すことはなかなか困難であった。その中で、当時『JIA MAGAZINE』の編集長であった古市徹雄が快く掲載を引き受けてくれたことをいまでも感謝している。そしてオリンピックの開催都市が決まる前にという私の要望にも応えてくれて、二〇一三年八月号に掲載された。当初ＪＩＡ会員の目に触れればよいと思っていた予想はソーシャルメディアの普及によって多くの建築家たちはおろか、一般の人々にも広く私のメッセージが伝わったようである。その中で最も印象的であったのは、東京郊外にある自閉症、発達障害の子供たちの施設の責任者からのものであった。それは［図22］に見られるようにそこの園児の描いた一枚の白黒の絵で、彼が町並みの終わるところに立ち、眼前に広がる林と空だけの自然に向かって両手をあげている後姿であった。この責任者は、私がこのエッセイの冒頭に私がこの土地においてあまりにも巨大な施設で景観上、空も緑も失われてしまうという言葉に対しての共感の意を示したものと思われる。

しかしこの情況は、九月にブエノスアイレスにおいて二〇二〇年のオリンピックに東京が選ばれることに決定されると一転する。メディアがこぞってその取材にはげみ、その中で原案が三〇〇〇億円するという衝撃的な概算発表があった。そのとき、ある有力政治家の「そんな高価な建築家なら首にしてしまえ」といった発言は、案外多くの日本人の素朴な気持ちを代表していたと思う。この三〇〇〇億円という価格は後述するように最後まで亡霊のようにつきまとったので、この誤ったビジョンをもう一度根本的に見直す機会でもあった。しかし九月のブエノスアイレスの発表後、日本の当事者たちも一種の高揚した気分に包まれ、周知のように当初の予算に四〇〇億円を追加して総床面積を二〇パーセ

［図22］　初期の《新国立競技場案》の完成により空も緑も失われてしまうことを懸念した児童の絵

ント減らして、何とか原案の原型をとどめたいという方針をＪＳＣはとることになった。ここにも「何とかなるであろう」という日本特有の姿勢が明瞭に現れている。そして何とかならなかったときは、誰も責任をとらないという姿勢でもあった。

一方、《新国立競技場》原案に対する批判も増大した。私のエッセイが発表された直後、親しい建築家の何人か（古市徹雄、大野秀敏、中村勉、元倉眞琴、山本圭介）と槇グループとして立ち上げた。そして二〇一三年の一〇月には日本青年館で批判のシンポジウムを開催し、入りきれない人たちのためにユーチューブによって広くその声は日本中に届いた。そして日本の主要新聞も、さまざまなかたちで批判記事を掲載し始めた。

一方、ＪＳＣにあらかじめ選定された日本ティーム（日建設計、日本設計、梓設計、アラップジャパン）とザハ・ハディドの連合軍が、協同で縮小された新しいプログラムのもとで設計が進められ、それが二〇一四年五月にパブリックに公表された。二つの大きなキールアーチを軸に原案よりも大幅に南北方向の形態は短くなり、原案を「いか」とすると五・二九案は「かに」といってよい［図23］。

しかし、かなり基本設計に近いこの案が発表されたことによって我々もその構造、屋根の開閉装置、地上面の共生の育成状態などを検討することができることとなった。その四カ月後、私は同じ『JIA MAGAZINE』の八月号「志をもっ

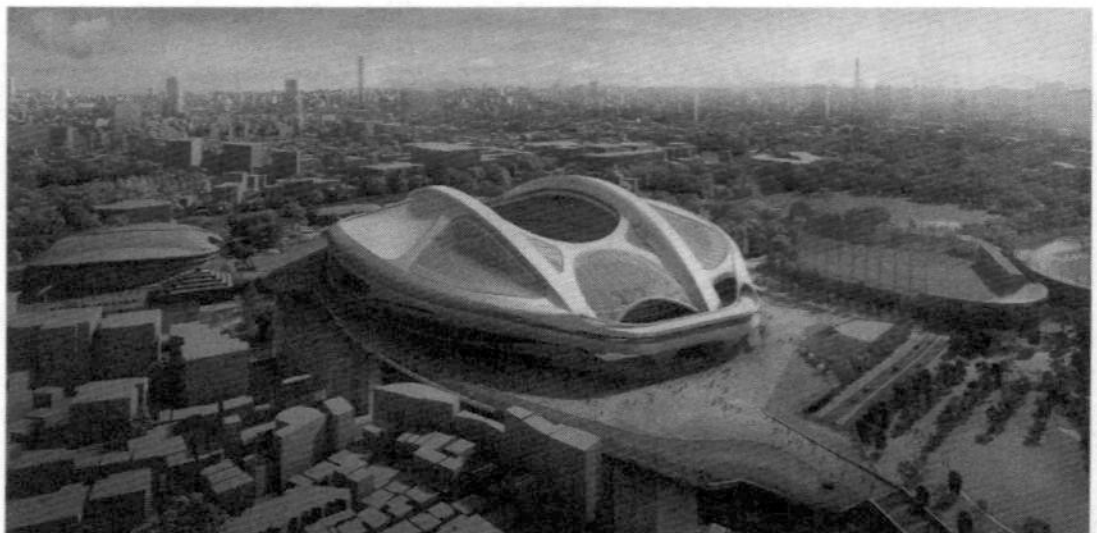

［図23］　ザハ・ハディドと日本ティームによる《新国立競技場》二〇一四年の修正案　japan-architects.com より

た建築をめざして」において、こうした巨大な有蓋スポーツ施設の決定的な技術上の諸問題、維持管理上の莫大なコストなどについて、実際にこうした有蓋スポーツ施設に経験のある専門家の意見を聞きながら、その見解を集約して述べている。おそらく設計者たちも同じ問題を次第に理解し始めたに違いない。いまここでそれらの問題を繰り返して述べないが、この案はそのまま推し進めれば世界最後のダイナソアーになることは目に見えていた。

ECI方式の採用とその後

そして、その後JSCがECI方式を採用することを決定したことを日本の主要ゼネコンに提示した。ECI方式とはEarly Contractor Involvementの略称である。普通誰もが知っているのは設計者がそれによって施工が開始し得る図面を完成し、それに基づいて施工者が価格入札を行う方式である。しかしこのECI方式とは公共工事において不調、工期遵守、技術的問題による品質確保などに懸念がある場合、設計が完了する前にゼネコンの技術力を導入するために設けられた新しい制度である。

二〇一四年の一二月にJSCがこの方式を採用した背後には、このプロジェクトの目標としたコスト、スケジュール、そして技術的問題の完全な解決がオリンピックというデッドラインには間に合わないかという懸念が強くあったからにほかならない。別の表現をするならば、日本+ザハティームに対する不信ともいってもよい。事実この後、設計主導者として彼らは姿を消していく。そして日本の主要ゼネコンの入札の結果、開閉屋根とそれを支える支持構造は竹中工務店、そしてそのほかの観客席を含む主構造は大成建設が受けることとなった。

その委託要旨を見てみると彼らは施工計画の検討のほか、スケジュール、コスト、その他ライフ・サイクルコストに関する詳細な検討を求められ、特に竹中は設計全般に対する技術検証、技術提案を求められている。何のことはない。それまで検討された技術提案の見直しを求められていたのだ。こうした施工者に対しての見直しの要求に対して現設計陣が俺たちの仕事を信用しないのかという怒りを表したのか、安堵の意を示したかはわからない。彼らは最後まで沈黙を守り続ける。

当時示されていた総工費は相変わらず一五〇〇億強であったので、屋根工事を担当した竹中の技術群は曲面のキールアーチをいくつかの直線材の構成に変更する提案をし、また屋根のオープン部分を開閉装置の形態の単純化を設計者グループに提示するが、ザハに拒否されたという。彼女は屋根の開口部の楕円形に固執したという。このちょっとした話からも、彼ら設計者の中でのデザインに関する決定者はザハであったことが明確に浮かび上がってくる。しかしＥＣＩ方式が決定されてから事態は急速に動いていく。一応二〇一五年の七月には有識者会議でそれまでの計画案を諒承しておきながら、その直後の七月一七日に安倍政権はこれまでの案の白紙撤回を表明する。そしてその後新しい設計施工方式による両公募があり、その結果大成ＪＶと設計監修者隈研吾に決定するまで五カ月間しかかからなかった。

しかし、ここで我々が留意しなければならないことは、新しく大成ＪＶティームに対してあらためて設計料が支払われていることである。それは当然なこととすると、それまでに日本＋ザハ・ハディドティームに支払われた莫大な設計料は全く我々の血税の只捨てだったのだろうか。当事者がこの件に関して沈黙を守っているのは一応理解できるが、メディアを含めて誰もがこの問題を指摘しないのも日本的社会特有の起きてしまったことは仕方がない、穏便にことをすませようという配慮なのだろうか。しかしこの問題はメディアなどがもっと取り上げてもよかったのではないか。

槇グループの活動

『JIA MAGAZINE』の二〇一三年八月号の「新国立競技場案を神宮外苑の歴史的文脈の中で考える」の中の最後の項「九月七日以降」の中で、私はもしも二〇二〇年オリンピック会場が東京に決定された場合、新しいプログラムのもとでザハ・ハディドを設計者にするのがよいのではないかという提案をしている。まずプログラムには、恒久施設部分は観客席を五・五万人くらいにとどめることがいいとも述べている。そしてグループのメンバーの一人であった大野秀敏も、二〇一四年八月号の『JIA MAGAZINE』誌上で「仮設と改修で時代の最先端の新国立競技場をつくろう」と提案をしている。

我々はその後もさまざまな機会に三・二五案の抱える多くの問題を指摘し、それに対するJSCの反応、回答を要求してきたが、何ら解答されることはなかった。私はその間二〇一四年の『日経アーキテクチュア』では「有蓋施設が諸悪の根源」とし、これを強行すれば「世紀の愚挙」と批判し、同じ八月号では「ポスト・オリンピックの新国立競技場についての提言」として観客席上部にだけ屋根を設ける「無蓋化と将来子供スポーツセンター（仮称）」の併設を提案し、多くの賛同を得ている。

しかし二〇一五年の七月、槇グループによる無蓋化の提案をメディアに提言することによって事態は周知のように急速に終息に向かう。我々の提言は、現在進められている大成・隈案についてあらゆる面（建設費、維持費、収入の市場性、屋根開閉装置そのものの不安定性や芝生育成など）で必要な技術的保証、景観の保持など多くの問題点を具体的な他の日本の類似例をひきながら指摘し、それに代わる無蓋案を提案している。そのために同じ槇グループの中で、特に中村勉に多くの時間と労力をさいていただいたことをここで記しておきたいと思う。

そして特にコスト高と工期の長さについては、ＥＣＩ方式で検討を進めていた竹中、大成の当事者からの報告によりＪＳＣ、文科省その他関係省庁、東京都、自民党関係者にも次第に明らかになってきたのであろう。

私と大野秀敏が当時の文科大臣によばれたのは二〇一五年七月であり、そこで我々が推す無蓋案と彼らが推し進めようとしていた現設計案の長期にわたるその功罪の比較検討の説明をした。そしてそれから数週間もまたずに、安倍総理会見において現設計案の白紙撤回が決定されたのは周知の通りである。

その後、遠藤利明五輪担当大臣をトップとする関係閣僚会議の会合により設計・施工方式の再公募が行われる。そこで選ばれた大成・梓・隈研吾案に基づいて二〇二〇年オリンピックに向かって建設が行われている。我々グループは、九月に遠藤五輪担当大臣によばれ意見を求められたが、そこでも我々は観客席八万人のスタディは景観、安全、将来の維持管理費の高騰に対して不適切であるとし、一部仮設席の採用を提言した。もちろんこの提言は採用されなかったが、この稿の最初の「新国立競技場案を神宮外苑の歴史的文脈の中で考える」の文章の中で私が提案している一部仮設案とする姿勢は、三年間一貫して変わらなかったことをここで報告しておきたい。

《新国立競技場》とポストオリンピック

周知のように、日本は二〇二〇年のオリンピックを成功させるために多くの努力を払ってきている。《新国立競技場》についていえば、酷暑の中で観客席も含め競技場にいかに涼しさを保ちうるようにするかは大きな課題である。また、おもてなし日本の象徴として緑と木がふんだんに使われたデザイン、それらが外国からの人にとって好評であって欲しいと期待するのは筆者一人だけではない。

しかし、ポストオリンピックにおけるこの施設のあり方について、二〇一九年の七月頃急にメディアによって芳しくない報道が伝えられ始めている。要するに、この施設を民間施設として長期にわたり引き受ける企業は皆無であり、といって国が維持していく費用は莫大になるからである。そんなことは初めからわかっていたのではないかという議論に対し、日本には大義という便利な言葉がある。

第二次世界大戦でも、皇国の尊厳維持という大義を掲げて悲惨な結果を招いた。オリンピックのために、最大のおもてなしという大義がどこかで掲げられて今日にいたっているのではないだろうか。ある関係者は、オリンピックが終わったら壊すしかないだろうとまで極言している。我々税金を払うものにとって、ポストオリンピックの情況は目が離せないものなのだ。

第四章　ヒューマニズムの建築

New Humanismとは何か

一九七〇年代「モダニズム」という船名をもった大きな船が消滅し、船に乗っていた建築家たちは皆大海原に投げ出されてしまった。そして船とともにそれまで蓄積されてきたさまざまなマニフェスト、セオリー、そしてスタイルも消滅した。船の中でひしめきあって過ごしてきた喧嘩仲間、友達も同時に失うことになる。なぜか。それはモダニズム自体が巨大な建築のインフォメーションセンターと化したからである。図書館の本のように、あるいは銀行に預けた預金のように、建築家たちはインフォメーションセンターから自由にアイディアを入れたり、引き出したりすることができるようになったからだ。

しかし船に乗っていたときと異なって、いまや一人ひとり行先はわからないところに向かって泳ぎ続けなければならない。少なくとも泳ぎ続けるために必要なうねりは欲しい。うねりはどこにあるのだろうか。そのうねりの一つとして最も重要なのがNew Humanismではないかと私は考える。

そして、その核心は次のように定義できるのではないだろうか。すなわち対象となる建築の生態、空間に秘められている人間をどう考えたかの思考の形式が、

175頁《東京電機大学北千住キャンパス》の開放された一階広場で遊ぶ園児たち

時を経ても消費されずに社会性を獲得したものなのだ。またイズムである以上、我々が住むグローバルな世界において、異なった時代、地域、プログラム、あるいは規模をもつ建築に対しても成立するものでありたい。そのためには、まず人間は空間にどう関わりあうかという分析から始めなければならないことが多い。人間は向かいあう空間をまず見ることによりそこから何かを感じ、あるいは考え、次の行動（振舞い）をするという習癖を有しているからだ。

時が建築の最終審判者である

時とは歴史という言葉に置換してもいいかもしれない。そして建築も人間という言葉に。そのとき、先の言葉は「歴史は人間の最終審判者である」ということになる。ここでは人間とは抽象的な人間ではなく、個々の人間を意味している。確かに建築と人間の一生にはきわめて類似したところがある。両者ともまず生を享けてこの世の中に出現する。人間は一〇〇歳前にほとんど死に直面する。建築にはより永く生命を維持するものも多いが、ときに不慮の死を遂げるものもある。ニューヨークの《ワールド・トレード・センター》［図1］の生は三〇年にいたらなかった。

そして誕生のあり方にも類似性を見出すことができる。王室あるいは著名人を

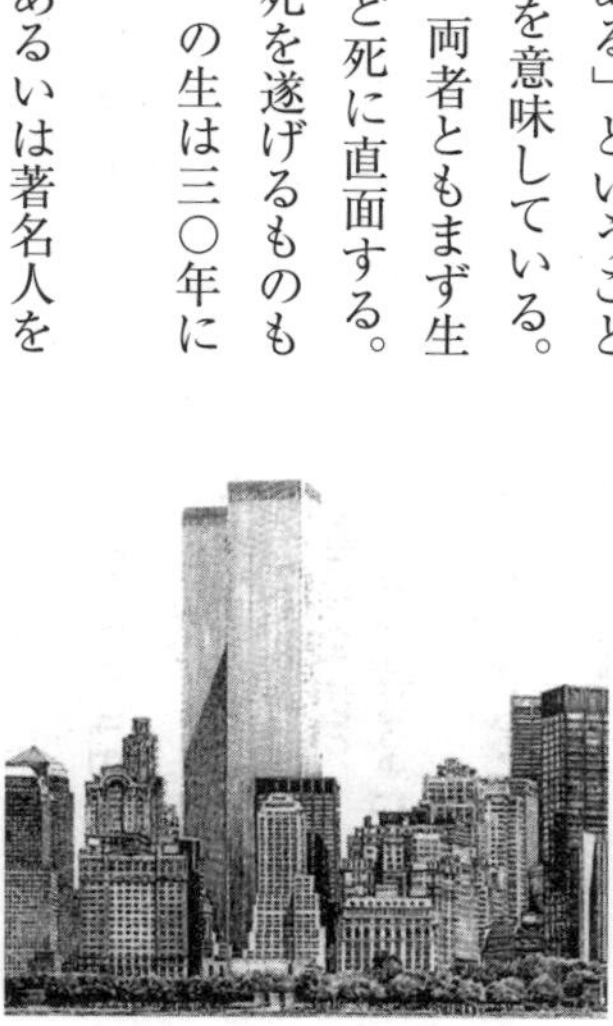

［図1］《ワールド・トレード・センター》、ニューヨーク、ミノル・ヤマサキ、一九七四年。ニューヨークのランドマークであったが、二〇〇一年のテロにより消滅した

親にもった子供は、それなりに生後周縁社会の注目を浴びることが多い。同じように著名な建築家の手による、あるいは新しい様相をもった建築が誕生したとき、当然メディアにも取り上げられ、社会的関心が呼び起こされる。しかし人間も建築もそれに続く振舞い、つまり建築においてはヴィトルヴィウス（前一世紀）によって挙げられた建築の用・強・美（Utilitas, Verditas, Venustas）という三大価値の保持、そしてさらにはさまざまなレベルにおける社会性の展開を時が追い続けることとなる。

なぜ社会性なのか。芸術家の作品の価値は自己完結型である。その作品が有名な美術館に飾られようと、あるいは一片の紙屑のように処理されても、社会には何の影響も与えることはない。建築はそうではない。そこに存在した時点において、社会性の有無が問われ続けられる宿命を背負っている。人間と同じように時代の産物であり、時に象徴にもなり得るからだ。

建築が人ならば、都市は群衆と見なすことができるのではないか。一見無秩序に見られてきた東京のまちも、さまざまな容貌、体格、意匠をまとった人間の群と見なすことで、そこに親近感をもつことができるのだ。建物の高さ、表層に厳しい制限を設け、整然としたまち並みに美を見出すヨーロッパの旧いまちは、いっせいに行進する軍隊の姿と見ることもできよう。そこには、どちらのほうがより人間性に富んだまちであるかという問いも当然存在する。一九六〇年のメタボリズムで大高正人とともに提唱した「群造形」のコンセプトは個（人間）を重要視する姿勢なのだ［図2］。

個とは何か

ヒューマンな建築をつくっていくために、設計者である建築家がまずもたなければいけないことは、そこに生きている人間にどう立ち向かわなければならないかに対する認識である。個としての人間であり、施主、ユーザー、さらにはそこに住む人々は顔のある個の集団なのだ。

確かに前章の「新しいコミュニティ・プランニングの提案」で人口の波をパラメーターとして経済、内需と外需あるいは地域格差が生まれていることを指摘したが、同様にすでに六〇年代の終わりこれからの世界が無限に進歩することはあり得ないという認識が識者の間で始まった。しかしその警告は無視されたまま、最近の“Newsweek”日本版七月一〇日号では、二〇五五年に一〇〇億に達する世界人口のそれぞれが現在の先進国の人間がエンジョイしている生活水準を要求するならば、エネルギーあるいは水資源の枯渇によって地球は崩壊に導かれるであろうという警告が現実のものとなりつつある。しかしここに登場する人口すなわち人間の集団は統計的人間であり、個々の人間ではない。彼ら

［図2］「群造形」による新宿副都心ターミナル再開発計画、一九六〇年

の顔は見えないのだ。

次に重要なことは、顔のある生きている個はそれぞれ全く異なるかという問いに対しては、そこにはどの個についてもその挙措、振舞いが比較的同等なものと、地域、文化などによってきわめて異なった個という二つの個に建築家は立ち向かわなければならない。事実それが今日の建築において、何がヒューマンであるかという課題をより重要にそして興味のあるものにしているに違いない。時に個のあり方は外圧というか、それぞれの個の意志と離れたところからやってくる。

昨今オフィス・プランニングの変化、変貌がそのよい例の一つである。かつては組織体としてのオフィスでは、組織のあり方、組織内の地位によってそれぞれのデスクに与えられる場所、プライバシー、眺望などが定められていた。それがやがてヒエラルキーのない均等性の強いものに変わりつつあり、ここまでの変化は誰もが納得し得る変化であった。しかし近年自分のデスクすらもたない、もたせないというオフィスシステムが出現している。一説によればこのシステムはオフィス面積の削減につながるという。現在実現はしていないが、我々のニューヨークのUN本部拡張計画も、そうした目的に従って近年それまでのオフィスプランに大きな変更があった。私は規模減少がそれぞれの職員にとって本当にdesirableであるかの検証もなしにこうしたことを行うことが正しいのか疑問をもち続けているが。

さらにそれだけではない。最近ニューヨークの一地区にboutique hotelならぬboutique officeのアイディアが流行しているという。そこでは小組織、自分のデスクをもつもの、あるいはもたないものも、より自由でenjoyableなオフィス環境を実現しようとしている。そうしたニーズがあるところにこうしたタイプのオフィスが実現しているというならばそれまでのことであるが、その中の個とはいったいどのような個であるのかを設計者はまず考えなければならないであろう。そしてその次に、どのようなオフィス空間が彼らにふさわしいかを考えなければならない。

一方、個自体がこれまでの個と違う新しい個の発生を第二章の「現在の都市二〇一九」において私は指摘してきた。こうした個、すなわち人間とは何かが新しいヒューマニズムの建築の命題の中で、最も重要な課題になるのではないだろうか。

こうした人間の個の問題は、当然建築における個のあり方の検証につながっていかなければならない。なぜならば人間と建築には多くの共通点があるからだ。どちらも生を迎え、そしてほとんどが死を迎える。ただし建築にはパルテノンや東大寺のように永く生きながらえるものもある。そして有名建築と有名人の比較、あるいはその評価は、時のみが与えるものであることなど共通点が多い。

そして建築の個のあり方は、我々の都市のあり方とも密接につながっている。建築物も人と同様、基本的には単体として取り扱われるが、複数の建築が意味のある集合をつくればそれは集合体と見なされるし、都市とは無数の建築の個体が、時に意味をもたず、あるいはもちながら密集した状態であると理解できる。ちょうど群集のように。つまり建築も人間と同様に、どのように個同志が接触するかによってその様態も変化していくことを認識しなければならないのだ。

半世紀前、私は『集合体の研究』(Investigations in Collective Form)のテクストの中で三つのかたを提示した。最初のコンポジショナルフォームでは、完成したそれぞれ異なる建築の集合であり、それぞれ個の建築は顔を有している。第二のメガフォームは大きなフレーム(組織体)に顔のない個の建築がまつわりあった集合体である。丹下グループの《東京計画一九六〇》[図3]あるいはル・コルビュジエの《アルジェリア計画》はその好例である[図4]。一方第三のグループフォーム(群造形)は、基本的には類似の顔をもった個の集団が集合することによって自動的に内在する組織体をつくっていく集合体であり、世界各地に存在するさまざまな勝れた集落にその例を見出すことができる。生物の生殖体の増殖に似た現象ともいえる。

当時一九六〇年代のアーバニズムの世界では集合体の研究が提示した第二、第三のパラダイム、すなわちメガフォームは新しい技術革新がつくりだしたシステ

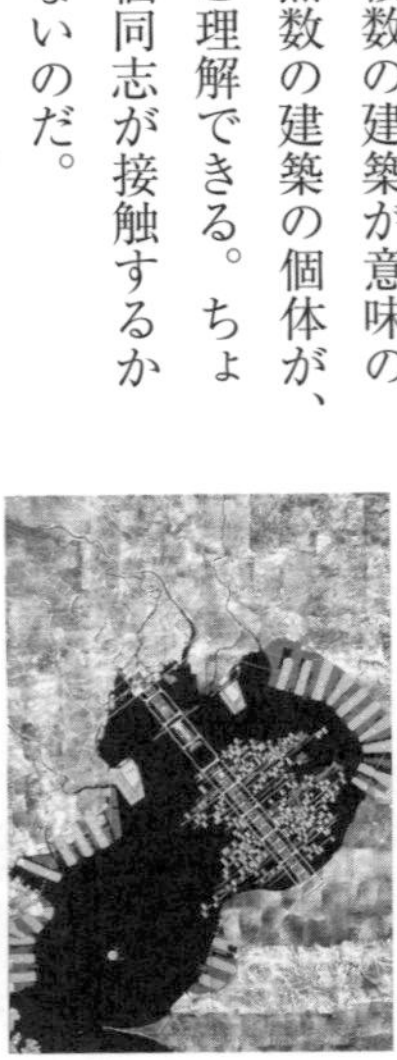

[図3]《東京計画一九六〇》、丹下健三グループ、一九六〇年

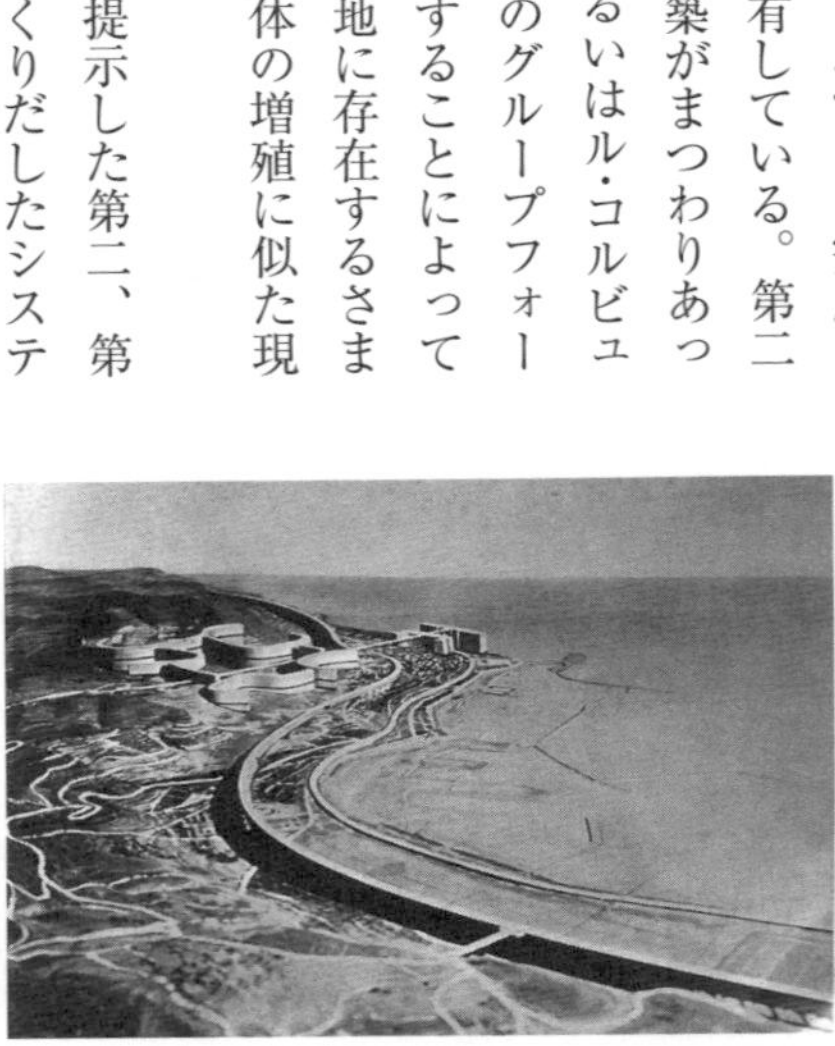

[図4]《アルジェリア計画》、ル・コルビュジエ、一九三三年

ムと建築、そしてグループフォームは生殖体としての建築集合体への応用の可能性を示唆するそれなりの新鮮さをもった提案として評価されてきたといえる。

東京代官山の《ヒルサイドテラス》はヘテロな顔の見える個の集合体でありながら、さまざまな外部空間をその中核としながら一つの意味ある集合体をつくりだしている。一方《シンガポール理工系専門学校キャンパス》は直径二四〇メートル、短径一六〇メートルという巨大なスケールの基盤空間の中に、透明なパーティションによって区画された無数の空間体はそれぞれ異なった顔を見せながら大きなメガフォームを形成している［図5］。

私の限られた経験の結果だけでも今日の建築の集合のあり方は、新しい個の登場も含めてこの半世紀の間に大きくその内容の変貌があり、多くの他の建築家のケーススタディを含めればその変貌の深み、広がりがよりはっきりすることはいうまでもない。

こうした一連の考察は現在進行中の都市組織体の力学に目を向けるとき、さらにさまざまな興味ある課題を提供するのである。一九七〇年代までの上部からの巨視性をもったアーバニズム、都市計画がもはや存在しなくなったとしたときに、それに代わる「都市を見、考える」原点はどこにあるかという課題に対する答えが必要である。おそらく顔のある人間とは意見のある人間と考えてよい。それが第二章で紹介した平山洋介の〝不完全都市〟、すなわち競合の空間から生まれる

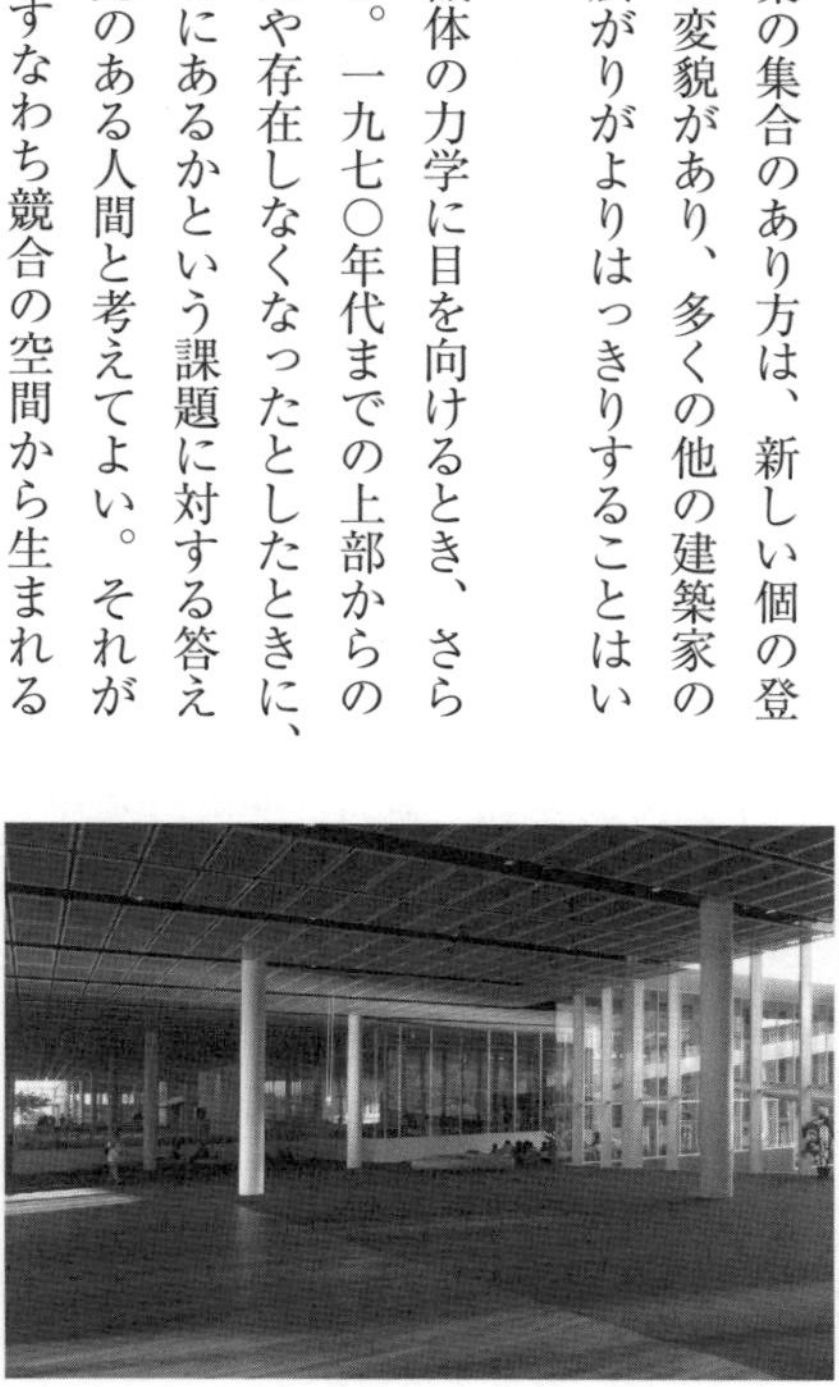

［図5］　メガフォームを形成する《シンガポール理工系専門学校キャンパス》、シンガポール、二〇〇七年

多声の存在であり、都市力学的に見るならば、私が「現在の都市二〇一九」で指摘している上からと下からのせめぎ合いであり、第三章「《ヒルサイドテラス》とソーシャル・サスティナビリティ」のエッセイで触れているミニプランニングの必要性にもつながっていくのである。

個の建築の凝集体である都市においては、それは無数の場所における個のせめぎ合いを意味している。したがってすでに指摘しているように、パリのような特殊な例を除けば、流体現象が生じている巨大都市は少なくない。東京もその例外ではない。その中で小さくても安定した個体の集合をいかにたくさんつくっていくかが今後の課題であろう。それが細粒都市東京の一つの生き方なのである。

ここまで書いてきた趣旨はいかに顔のある人間、生きた個体としての建築から出発すると、これまで叙述した個々の都市、建築現象が実はどこかでつながっているのだということを示したかったのだ。そしてさらにそれらの現象をこれからどのように考えたらいいかという思考のあり方を示唆しているからである。

なぜ空間なのか

私が初めて本格的な空間論に接したのは、イタリアの建築史家ブルーノ・ゼヴィの著である『空間としての建築』の日本語版であった。この本は鹿島出版会の

ＳＤ選書の一冊（上下版）として最初に発刊されたのが一九八二年である。私がいつ、この本に接したのかその記憶は定かでない。彼がこの本で取り上げているモダニズムの建築も、当時の巨匠ル・コルビュジエの《サヴォア邸》、フランク・ロイド・ライトの《落水荘》、ミース・ファン・デル・ローエの《バルセロナのパビリオン》くらいであり、原書が初めて発刊されたのは一九四八年、彼が三〇歳のときである。それは第二次世界大戦以降であった。なぜならば彼は熱心な反ファシズムの一員であったので、こうした自由な執筆が発刊を許されるのは第二次世界大戦中では考えられないことであったからだ。

彼はこの本の最後のほうでそれまでの歴史を対象にした建築批評の中で、なぜ空間論が積極的に提案されてこなかったかということを述べるとともに、空間論の必要性を力説している。彼の言葉を借りれば、建築は我々に、我々個人を内包することのできる三次元の空間を提供する。そしてそれがこの芸術の真の中枢なのであるという。そして建築だけ諸芸術の中で空間にその完全な価値を与えるという。

さらに空間は我々に働きかけ、我々の精神を支配しようとする。そして建築は空間を通して、我々の肉体的な意識の内に侵入し、我々は本能的にその内なる空間に順応する。そしてその空間に自己を投影し、我々自身の運動によってその空間を理念的自己のものとし得るという。そしてこの章の最後に建築においては、社会的内容、心理的効果、形態的価値はすべて空間を通じて現実化するという事実から導かれるのだと結論づけている。

ここでこの短い文章の中に、何回も我々という言葉が使用されていることに注目しなければならない。なぜならば、これは一建築史家、批評家の独断的な解釈だけでなく、我々という言葉を通して、人間が建築に対して誰もが抱く意識を客観的に表明しているからである。ここで彼はそれまでの数々の論説になかった建築空間に対して、人間はどのような意識をもつのかということを科学者のように解読しようとしているのだ。ただ彼の生涯を見ると、彼はフランク・ロイド・ライトを先鋒としたオルガニック建築の推進者であったので、再び空間論に手をつけることはなかった。しかし彼が亡くなる紀元二〇〇〇年までに我々はポストモダニズムの時期を迎えている。彼が何か空間論についてさらにひと言残してくれなったかと残念な気もするのである。

しかし社会学者A・ラパポートと心理学者R・カンターの両者による論文によれば、空間に対する認識は文化によって著しく差があることをエドワード・ホール〔1〕は述べている。ブルーノ・ゼヴィのそれはあくまでヨーロッパ文化の空間認識であるとすれば、我々は今後グローバルな視野に基づいた空間認識のあり方に視野を広げていく必要があるのではないか。

1　Hall, Edward T.、一九一九－二〇〇九。アメリカの文化人類学者、異文化コミュニケーション学の第一人者。世界の文化を高低のコンテクストとして分類、また時間感覚、時間意識についてもpolychronicとmonochronicに分けた。そして近接学を提唱し対人距離を示した

都市の粒子

もしも都市をさまざまな建築の集合と捉えるならば、その集合形態のあり方も地域、文化、そして時代によって数多く変化し続けるが、その中で比較的安定した原則的なものの研究が都市形態（urban morphology）である。当然どのような都市形態にも都市の粒子ともいうべきものが存在し、その集合のあり方が全体の形態を決定する。その因子は多くの場合、古今東西圧倒的に「家屋」であった。日本でいえばたがいに塀で隔離された独立家屋が中心的形態であった。おそらく都会に住む者が、長年にわたって戦乱のような状況に追い込まれることが少なかったこの国では、都市の粒子も自らその集合に新しい意味の集積を与えていく次元まで、集合体の機能に積極的に参加していかなかったという原因もこのあたりに求められよう。

ヨーロッパの中世の町、あるいは旧くから地中海沿岸に発達した都市の粒子には、数百年以上の時の経過にもかかわらず、一貫した形態上の法則が存在してきた。それは建築素材が、石あるいはレンガの組積造に由来するところが多かったためかもしれない。そして大きな集合のスケールの中で、新しい共用空間の獲得の工夫も存在してきた。

しかし近代の都市になると、原型そのものは次第にその成立基盤を別なところに求めなければならなくなったし、原型そのものの存在の意味も疑わしくなる時代に到達したのだ。

人間はあくまで新しい状況の中で、その地域社会にとって住みよい「かた」の創造を追求する。ヒューマンなアーバニズムのあり方が何であるかについてもう少し追求してみたい。

街区（cell）

住居の数が多くなれば、当然一つだけの〈みち〉とか、一つだけの広場を囲んで社会全体が構成されることが難しくなる。したがって適当なかたちにいくつかの住居をくくる必要に追われる。機能的に見るならば、日常生活における出入り、集落の人々の交流のしやすさ、緊急のときのまとまりやすさ、敵に対する防御のしやすさ、与えられた自然の条件への対応の仕方など、街区の形態の基本的なチェックポイントがあったことは想像に難くない。当然格子状の街区も最もその代表的な一例である。

いま粒子と街区の意味論的な関係性を見てみると、いくつかの興味ある原則が浮かび上がってくる。面白いことに、形態的な congruency（一致性）と意味論的な関係における congruency との間には、ある程度の関係性が存在していることである。たとえば、中世の城郭都市の中心的存在であった寺院とか城は真ん中に聳え立っていたし、多くの場合は塔は権力のあるものにのみ許された象徴であったことはよく知られている。そしてギリシアの市民社会では平等の精神が格子状の〈まち〉を生んだともいえるのだ。

このように平等の表現として、あるいは支配の表現として都市の形態における意味論的構成をもつことは、ただちに粒子、街路、街区、軸、焦点がつくりだす関係において表現されてきた。

私が第二章で指摘した混在と住みわけの姿は、我々の都市においても強く存在してきた。ヒューマンな都市とは、この特性が住むものにとって不快感を与えないというある種の空間的理解の存在を必要とするのではないだろうか。

そして普通の人間は固有の寸法内のものを視覚的、心理的に好む傾向が存在するということをでき得る限り尊重すべきである。なぜならばアーバニティとは、誰もがまず地上面ででき得る限りのコミューナリティをエンジョイし得ることを原則とすべきであるからである。そしてかなりの広さをもった複合施設の歩行者レベルはなるべく壁の少ない、さまざまな将来の異なった利用に対応するフレキシビリティを担保し得るようにしておくことも一つの作法であるのかもしれない。

私は未来都市であっても我々人間のスケールと歩行速度、視線によって知覚し得る領域が不変である限り、街区のスケールも自らある範囲内であることが好ましいのではないかと考える。かつてヨーロッパでは長さ一キロのハウジングが実現したが、これはきわめて不評であったのは、街区としての一キロは普通のまちとしては適切でないからであったからである。

そして粒子の大きさも古今東西、あまりかけ離れたものはない。たとえばギリシアの都市住居にしても平均約一〇〇平方メートルである。そして最近日本の雑誌が中高層の集合住居の特集を行っているが、その単位の住居の大きさは四〇〜八〇平方メートルである。地価の高い東京のような大都市では、このくらいが適正な市場価格からくる大きさである。

しかし、こうした粒子を抱く街区のかたちとなれば、それは地域社会によって千変万化である。たとえばスイスのチューリッヒやジュネーヴに見られる中層の集合住宅は、それらが町の壁面線を構成するとともに、道路に面して小さな開口があり、内部に住民たちのためのコミューナルなオープンスペースが存在する。このように長く歴史的に安定した街区の〈かた〉を広く国際的に集録することによって、我々は都市のコミューナルな空間についてもさらに広く知ることができるようになるのではないだろうか［図6］。

［図6］チューリッヒやジュネーヴにある中層集合住宅

領域について

人間集団にとって空間に対する身体的思考の最も具体的な現れは領域（ないし領域感）であり、時間の経過とともにあるものは心象化され、概念化されていく。領域は個人・集団にとってさまざまな意味をもつ。自己が所有し他人を斥けることによって存在を誇示するもの（城）、集団として使用することによって共同の帰属感を分かちあうもの（家、コミュニティ）、ある強制された状況の中で限定した領域感のみが許される場合（獄舎）などさまざまであろう。子供が自分の家が視界に入ると突然駈け出すことをよく目撃する。子供たちにとって家のまわり数十メートルは一種の彼らの領域である。社会はこのようにさまざまな領域をおたがいに形成し、時に斥け、時に分かちあうことによって集団としての生活を維持している。

この意味で我々が設計対象にする建物あるいは外部空間において、領域の限定は今世紀の初めにあった機能論的領域概念から意味論的領域概念をも含めたより複雑なものを指向しつつあるといってよいだろう。

領域を具体的に捉え、思考していくときに、我々は必然的に設計対象としての空間に身をおいて考えていくに違いない。身をおくということは、自らの見えるところ、知覚し得る空間、使用し得る領域はただちに限定してしまう。一室住居のような場合を除いて、全体と部分を同時に思考し得るケースはきわめて稀なのである。しかし我々は同時に、自らをたえず移動させることによって、次第に確かめられた部分をつづり合わせて全体をつくりあげていく方法を知っている。そのような過程を経て得られた全体は、全体を当初に捉えその中に部分をつくりだしていく過程と明らかに相反するものである。

おそらく大部分の場合、この二つの過程が同時に試みられることによって次第に部分と全体の関係がはっきりしてくるのではなかろうか。少なくとも私の場合はそうである。このことは、建築家がイメージスケッチと称して都合よく説明に使う設計過程というものがあまりあてにならないことを示している。

話をもう一度領域に戻そう。子供の領域感はきわめて身体的、直接的なものに根差していることはほぼ間違いない。それだけに寸法とスケールについて、子供の建物は細心の注意をほどこす必要がある。《加藤学園》の場合、その大きな空間の中での小さな空間の演出はこうした意図から出発している。また内側から自分の場所の存在を確認していく空間形成の過程において、開口のあり方はきわめて重要である。内側から外部がどのように意識されるかは、開口の寸法、位置を決定するうえで決定的である。《加藤学園》の場合は空間がさらに内側へ指向すると同時に、いくつかの中庭の介在によって領域に視覚的深みをもたせようとした。ここで中庭はおたがいのプライバシーを確保しながら視覚的に領域を分かち

［図7］《加藤学園》、静岡県・沼津市、一九七二年

あう。別な言葉でいえば〈厚い透明な壁〉としての役割を果している［図7］。

子供の行動の一つに、彼ら自身何かに没頭していてもつねにアンテナがはられていて、事があるとただちにそちらへ参加しようとする傾向がある。子供が手を洗っていてふと眼をあげると、外のテラスで友達が野球をすでに始めている。こうした瞬間、ある種の連続した領域感が二つの空間の間につくられていく。屋上空間を領域でなぞらえるならば、まさしく子供たちにとって船の甲板である。したがって屋上階段は船橋であり、屋上に出ていく前の儀礼としての意味をもたせることが、子供たちにもう一度甲板に出て遊ぶことの実感を倍加させるのではなかろうか。

私は《加藤学園》の屋上を船の甲板のメタファーとして捉えようとしたが、最近さらに勝れたプロジェクトが現れた。それは手塚貴晴による《ふじようちえん》の屋上である。ドーナッツ状の屋上広場は、船の甲板でなく子供にとって小宇宙である。円を好む子供たちにとってそれはさらに魅力的なものなのではないだろうか［図8］。

空間体が内から与える領域感は建物を外から見るときと比較したとき、それは視覚的印象を超えて、より五感的な体験をそこにいる人間に与えるものである。自然光による空間の明暗度、内部空間の仕上げが与える触覚度、さまざまな音に対する開放性と閉鎖性、それに加えて嗅覚性も加えてよいであろう。

［図8］《ふじようちえん》、手塚建築研究所、二〇〇七年　写真＝手塚建築研究所

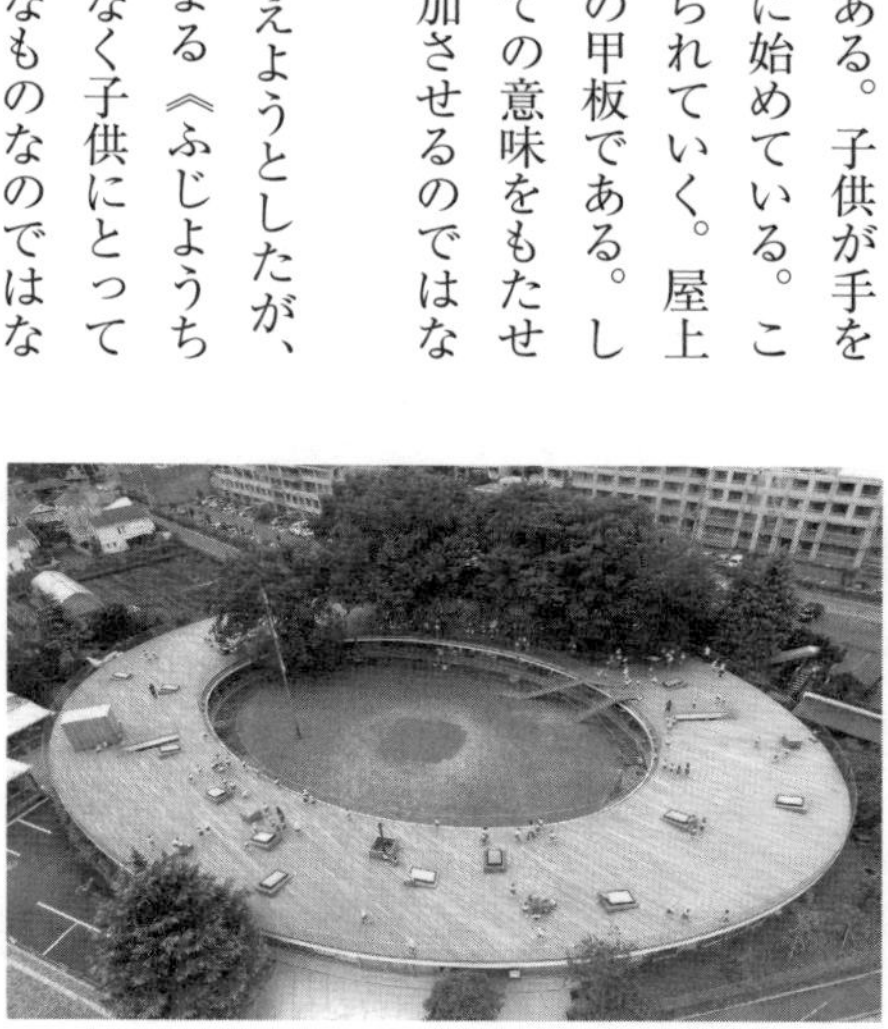

私が子供の頃訪れる親戚、友達の家々で一番印象に残ったのは間取りや家のかたちではなく、そこに使用されている内装の木材の匂いであった。匂いがその家特有のアイデンティティを与えたことをよく覚えている。また現在、日本の建築家の中で内外の触覚性に最も鋭敏な作品をつくっている代表として藤森照信を挙げてよいだろう。

情景について

ここで私が述べているのはもはや領域という概念を超えて、勝手にある状況を組み立て、そこにかたちの象徴を求めようとしていることだ。ここへきて我々は設計の過程において〈情景〉とは何かという命題につきあたる。字引をひいてみると情景はおもむきのある景色とあるが、おそらく〈情況〉と〈風景〉が合成された言葉であるようだ。たとえ領域が決定されたとしても、そこに起こり得るさまざまなEventsによって違った情景が繰り広げられる。その中のあるものを(実際に起きる起きないにかかわらず)想定し構想化することによって空間決定の決め手にしていくという手法は不可能なのであろうか。情景の構想化を通して不毛の土壌に生命感を与えることは可能なのであろうか。写真家にとって情景とはレンズによる一瞬間の凍結によってそこに永遠に存在するものを語る媒体であるように、建築家にとっても情景の想定は深い意味をもつはずだ。

特にさまざまな情景の設定は、都市デザインの分野において新しい可能性を予見させるようだ。我々が従来都市デザインで考えてきた設計の条件の中で、密度、容積率、歩車道の分離、日照の確保などは上位の条件として考えられてきた。また建築的にもさまざまな一見魅力ある形態が模索され、旧い町並みの研究、新しい技術を動員したメガストラクチャーなど、一連の試みも登場する。しかし機能的、建築的に多くの条件あるいはテーマを駆使しても、なおかつ現実のデザインされた姿に生命を与えるのに失敗している例を我々はあまりにも多く目撃しているのである。

ある地域社会で、ある特定の集団の心の中で日常生活に深く心象風景として存在する〈情景〉が、どのようにしてそこにつくられる環境の中に塗りこめられていくかを発見することが必要なのではなかろうか。しかし情景の構想化は、けっして観察分析、統合という合理的な過程を経て行われるものではなく、それこそ最も個人的な直感の世界が存在する問題でもあるようだ。だが同時に一つだけいえることは、建築とか都市デザインを貫く何本かの細い糸の発見が現代においてきわめて貴重であるにもかかわらず、まだその土壌は不毛なままであり、そしてそのためには機能論的枠を超えたところでのさまざまな問題、たとえばsubcultureの関わりあい、領域、身体的思考と観念的思考の関係、情景の構想化の意味と限界、器というもののもつcriticalityなどなど、新しいテーマをより全般的に考察せねばならぬということだ。

たとえば子供という特殊な、しかしかつ比較的明快な行動をとる集団に対する器の設計、実現のための観察、思考という系を通じて、これらのいくつかの問題が次第に鮮明になっていくのではないかということがいえるであろう。

都市美とは何か

ここで都市美について言及せねばなるまい。いうまでもなく美しい都市、豊かな都市、愉しい都市がどれほど人々の心と眼をなぐさめ、そこに生活することの深い歓びを与えるかについて、いまさらここで繰り返すまでもない。誰もがもつ幼少の記憶には、旧いがたたずまいのよい家々の屋根、塀のシルエット、豊かな樹木のつくりだす木陰、人間的なスケールをもつ空地、辻、街角などがある。都会の中にも静寂があり、季節があり、ときに幼い胸をときめかす秘密の場所もそこここに存在した。ホメロスの詩にも謳われたトロイの市が発掘されたとき、それは地下七層にわたっていたという史実にも象徴されるように、都市は歴史の里程標であり、年輪なのである。

豊かな都市とはそうした年輪が訪れるもの住むものにとって、鮮やかなものでなければならない。たんに自然の生態系を尊重するだけでなく、人間のつくった歴史に対する畏敬と継承の精神が貫かれねばならない。しかし現在のように都市が拡大し、開発という名の侵蝕が歴史的環境についても日々行われるようになると、我々の無力感はますます強くなる。国破れて山河ありでなく、まさしく国富みて山河なし、という情景が実感であろう。いまの子供たちの幼い頃の記憶に残るものが、マンションと団地の圧倒的なコンクリートのもつヴォリウムと、道路に充満する車の騒音と、レジャーランドのけばけばしい色彩だけだったとしたら、我々は次の時代が受けつぐべき何ものかを残したことになるだろうか。

もちろん私は、コンクリートと石の建築の町を否定するものではない。石づくりには石づくりの、また木造には木造にかなった街並みのつくり方があることをいいたい。家相というものは合理主義的な建築の前に一度は否定された。しかしその中には小さな木に接近して大きな家を建ててはならないとか、また反対に大きな樹木のそばに小さな家を建てるべきでないとか、いろいろ経験に基づいた法則をとなえているものも少なくない。おそらく家に相があるとすれば都市にも相があるに違いない。地形、水利、風向き、日照、方位から始まって、家と家との接近の仕方、眺望の取り方、道のあり方、都市のもろもろの機能にいたるまで、それが相にかない、人々の眼と心を愉しませるものをつくることが、都市美であり都市デザインであろう。

都市美を構成する視覚的要素は家並みであり、街角であり、見通しであり、目印である。ときに調和が、またときとして対比が要求される。住宅地には落ち着いた表情と材料のマチエールが、盛り場には活性のある色彩が要求されよう。時代ごとに、その地域ごとに、それぞれふさわしい形態と質感の集合が美しい都市であろう。

もちろん建築家たちはこうした無限に綴られていく都市の物語の主役ではない。現在登録された建築事務所が手掛ける建物の量は、日本で年間つくられていくもののそれこそ数パーセントに満たない。しかし同時に環境をつくっていくうえでゼロ効果を意味するものではない。たとえささやかな実験も温かい心の灯をともすに充分な場合もある。思考の拠点としての建築の都市の中における意味を放棄するものではない。前述したように都市の存在は、自然、社会、技術、美あらゆる面において一個の、あるいは集合の建築のあり方を規定し、矛盾を生ぜしめる。しかし同時に都市は建築家にとって建築を考えるときの、思考と創造のための豊かな土壌でもある。私たち建築家にとってそれは唯一の救いであり、よりどころなのである。そしてそれを信ずることによって、一つひとつ進む道程を見極めていきたいと考えているのである。

アーバニティを豊かにするいくつかの試み

当然私の長い建築家人生の中でときにアーバンデザイン的なものの設計、あるいはアーバニティを増やせる機会にめぐりあうことはよくあった。その中のいくつかについて、どのような試みであったかについて述べてみたい。

しかしその前に、原則的な対象となるプロジェクトの空間のあり方について「空間体」という概念について記しておきたい。

空間体

空間体とはあまり聞きなれない言葉である。それは次のように定義できるのではないか。一つの建築にはさまざまな異種、同種の空間が混在し構成されている。これらの個々の空間を覆う全体像を空間体という。

ここでは我々が建築家としてある対象の設計に関わるときに、特に重要であると思うことのみ触れてみたい。

空間体には中庭、アトリウム、バルコニーなどのさまざまな空隙空間を内包する場合も多い。そしてこれらの空隙空間はそこで活動する人間の視線に豊かさを増したり、領域感の拡大につながり、人間の振舞いのあり方にもさまざまな影響を与える。我々がもしもヒューマンな空間とは何かと問うたとき、空間体の分析は欠かせないものとなる。たとえば紀元〇世紀くらいに建てられたギリシアの都市住宅は、都市国家としての防御という観点から外へ向かった開口は最小限とされ、中央に設けられた小さなオープンプラザが日照、通風、そして住居の中での交流の中心部となっている。日本のように湿度の高い地域ではないからその居住性は確保されているのだが、このオープンスペースは祭事にはもちろんのこと、葬儀にも使用されることがあるという［図9］。

　同様に外壁の開口率が高くあってはならない美術館の場合、中央に設けられたオープンスペースはきわめて有効である。それは外光を取り入れるだけでなく、我々の経験ではそこでさまざまなインスタレーション、パフォーマンスが行われ、天気のよいときは人々の団欒の場、そしてときにトロントの《アガカーンミュージアム》におけるように結婚式場にも利用されることを経験している。人々は自然光のあるところに引きつけられるという特性をもっているからだ。

　この二つの例は一、二の低層階のオープンスペースであるが、我々は多層階にわたる吹抜け空間、いわゆるアトリウムの特性もたびたび経験している。多層階にわたる吹抜け空間は、その周縁の空間体を視覚的につなげる役割を果している。

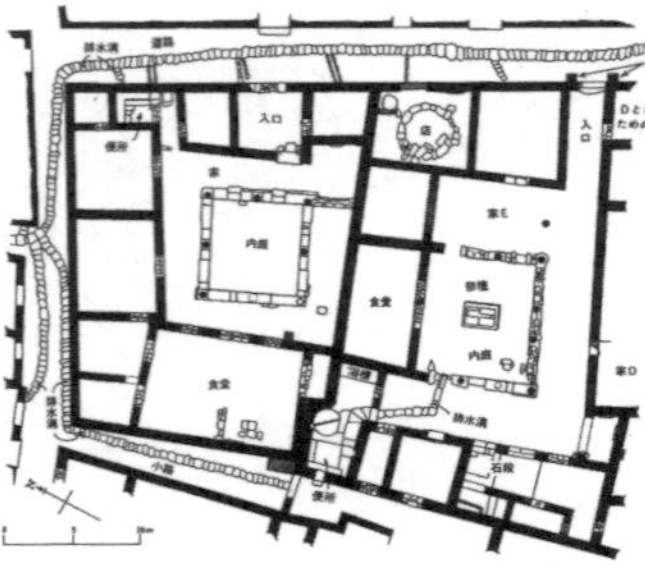

［図9］ギリシアの都市住宅、デロス第2街区の二軒の住宅／ベネーヴォロ『図説・都市の世界史Ⅰ』（相模書房）より

そのとき我々が意図する空間体の視覚構造のあり方が、その目的とする空間組織に密接につながっていることを理解し得るのである。人間はまずある対象を見ることによって、感じあるいは考え、それから何らかの行動に移るという習癖をもっている。そして視線に沿って実存するスクリーンの非透明性、透明性あるいは半透明性（日本の障子）などによって空間の重層性、あるいは限定性をつくりだしている。

これらの視線の構造のあり方は単に一建築の空間のシステムに限定されず、自然、都市にまで広げて考えたときに、文化によって大きな差異が存在することを発見する。たとえば、焦点となる施設の重要性を演出するための焦点への視覚的距離性を重要視した一九世紀のパリの構造に対し、意図的に屈折した経路によって焦点の存在の重要性を時間的な経験によってつくりだそうとする日本の社寺仏閣の存在性の演出はきわめて対比的である。この異なった空間認識は、当然一つの小さな建築においてでも展開することが可能なのである。前記の時間の導入、屈折する視線は日本文化特有の間、そして奥の概念を思わせる。

重要なことはグローバルな建築界において、そうした間あるいは奥の概念は次第に多くの文化圏にも浸透し、逆に我々日本の建築界は多文化の興味ある点を取り入れようとしている。それが私のいうモダニズム自体が巨大なインフォメーション化しているという現象でもあるのだ。つまり人間の空間体験の豊かさを求める欲求は、世界のどこで起きても不思議ではない時代になりつつあるということができる。

重層する吹抜け空間は当然、見上げる、見下げるという視線のあり方と、それに伴う対象に対する人間の心理的情況の差を引き起こす。たとえば丘の町を下から見上げるときは、丘の上から見下ろすときほどの対象に対する支配感は存在しない。視線構造の特質として人間に与える領域感の有無、大小は重要なパラメーターである。なぜならば領域感の大小の存在はその人の空間の既知感、未知感に通じるからである。住空間の場合、そこに住む住人はその家に対する領域感を完全に支配しているといってよい。つまり住居の内部のどこにいても、他の部分との関係を完全に掌握しているのである。

したがって我々がＭＩＴのメディアラボを設計するにあたって、施主から「大きな家を設計して欲しい」という依頼があったとき、我々は住宅のように、この施設ができ得る限り、どこにいてもその建築全体との関係を容易に知覚し得るような空間構成を試みた。［図10］で見られるように七個のラボはそれぞれメゾネットで囲まれた二層吹抜け空間であり、それらが南北、東西方向に一層ずれたかたちで組み合わされ、おたがいの空間はアトリウムを囲んで、でき得る限り透明なパーティションをもつことによって、誰もがどこにいても全体の空間との関係を容易に知覚し得るように構成されている。したがって、視線は垂直、水平、そし

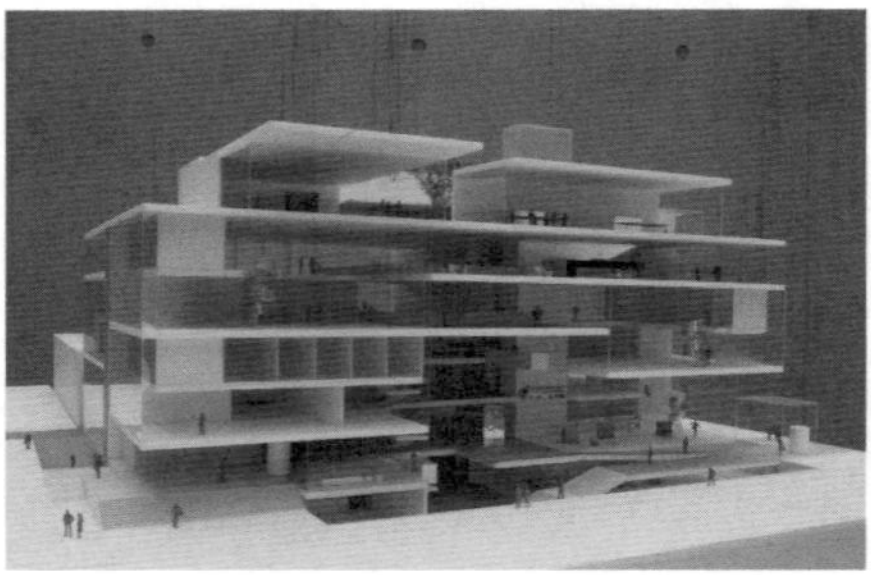

［図10］《マサチューセッツ工科大学メディア研究所》のコンセプトモデル

てときに斜めにも展開している。そして重層する透明なパーティションはある種の奥性の演出にも参加している。

我々の設計では往々にして空間体の操作ははっきりした全体像ももたない曖昧なもの、nebulous wholeであることが多い。当然その空間体が置かれた場所の特性、すなわち広大な自然から狭隘な都市の密集地の一画までその与えられた情況は千変万化である。

興味のあることは、アルヴァ・アールトは設計の初期にはこの曖昧なnebulous wholeを提唱している。彼の場合、プロジェクトの多くは豊かな自然に接している場合が多かったと思われるが、それは一種の自己開放での手段もあり、ヒューマンな建築をつくるための必要条件であったのかもしれない。

キャンパスという集合体

一九六五年に事務所を始めてすぐ数年後に三期にわたって熊谷の《立正大学キャンパス》の設計をすることになったのは、集合体のあり方についてさまざまな試みをし得るよい機会になりきわめて幸運であったといわなければならない。

しかし後年周知のように、この広場を囲んだ第一期計画は無残なかたちに崩壊してしまう。ただ、エントランスホールは先にボストンのMovement Systemの分析の中で提案した都市の部屋のコンセプトが生き、現在もそこにあることは不幸中の幸いであった。我々はその後日本では《慶應義塾湘南台藤沢キャンパス》、東京に《国際仏教学大学院大学》、シンガポールに《理工系専門学校》のキャンパスの設計を通して、学生のビヘビアーを媒体とするアーバニズムについてさまざまな経験を積むことができた。

ハウジングによるアーバニズム

住宅の集合計画は都市のアーバニズムのあり方と密接に関係している。我々は一九七八年に完成した《金沢シーサイドタウン》の低層集合住宅においてさまざまな試み、特に車の進入を制御するループ道路の内側に《慶應義塾湘南台藤沢キャンパス》と同じように低層高密度の接地型住宅を展開し、特に中央のスペースはコミューナルな領域としてその成熟化が進んでいる［図11］。

《ペルーの低所得者住宅》

一九七〇年に国際コンペの三つの最優秀賞に選ばれた日本案は、私と菊竹清訓、黒川紀章のメタボリストによる唯一のプロジェクトである。我々の案は住民たちのセルフエイドシステムによって容易に基本ユニットの変更、増築を可能とするシステムであったので、数十年後もきわめて活気のあるメタモルフォーゼを遂げている。まさにメタボリズムの思想を真に実現したプロジェクトであったといえる［図12］。

小さなパサージュ

《ヒルサイドテラス》から西に向かって約五〇〇メートルの位置にある《ヒル

［図11］《金沢シーサイドタウン》、神奈川県、一九七八年。中央にコミューナル・スペースを提案した

［図12］《ペルーの低所得者住宅》、ペルー・リマ、一九七二年

サイドウエスト》は、第三章（123頁図4参照）で述べたようにかつて朝倉不動産が所有していた独立住居の一端に、旧山手通りに面した一画の土地が堆積することによって生まれた計画である。当然下の道路と旧山手通りをまたぐ計画となった。そして東棟と小さなオープンスペースを介して相対する西棟の一部をパサージュにして通り抜けの便をよくしている。このパサージュには二つのエレベーターコアーが接し、上層階のオフィス、住居、あるいは地下施設をつないでいる。そしてパサージュは早朝から夜の一〇時まで開放され、誰もが利用することができる。東棟とパサージュの間の小さなオープンスペースでは、東棟の二、三階を占める槇事務所で建築素材のサンプルの日の当たり具合をチェックしたり、この《ヒルサイドウエスト》の西棟の地下で行われる結婚披露宴の新郎新婦の写真を撮る場所になったりする。ときにここの芝生の一画でうたたねをエンジョイする女性を見かけたりする！　つまりメインストリートから遮断されたオープンスペースの使い方は自由なのである［図13・14］。

私はこのようなパサージュを成立させたことは、この前に触れたコミューナリティの増大、別の表現をすればアーバニティの増大につながるのではないかと思う。

《ヒルサイドテラス》と《T-Site》の連携

《ヒルサイドテラス》の西側にかつてノースウエストがもっていた広大な土地

［図13］《ヒルサイドウエスト》で結婚記念の写真撮影

［図14］《ヒルサイドウエスト》の芝生で休息のひと時

がある。それを蔦屋が購入し、《T-Site》と称する低層のコンプレックスを数年前から開始し、旧山手通りに面する一画にコンペを行った。我々は敷地内の道路際にある大樹をキープするようコンペ当事者に申し入れ、その結果当選者のクライン・ダイサムは建物を全面的に後退してくれたので、恰好のオープンスペースが歩道沿いに展開し、そこに設けられたベンチで人々が昼食をとっている光景が見受けられるようになった（156頁図17参照）。

また建物の一階部分には奥に向かって遊歩道が設けられ、テーブル、椅子が置かれ、人々の集まりに供している。それは《ヒルサイドテラス》では見受けられない光景であり、大きな書店とあって人の吸引力も《ヒルサイドテラス》よりははるかに大きい。このように《T-Site》の西端から《ヒルサイドテラス》の東端にいたるまで、もしも《ヒルサイドテラス》を「静」とすれば《T-Site》は「動」の場所を提供している。このように、道沿いのアーバニティの増大に寄与しているといえる。

東京電機大学のオープンキャンパス

北千住駅に近い新しい《東京電機大学（ＴＤＵ）北千住キャンパス》（二〇一二～一八年）は足立区の強い要請もあって、キャンパスの一、二階をでき得る限り一般住民、区民に開放した施設群になっている。またそれは大学側の、なるべく施設の一部の利用を外部に委託するという方針とも一致するものであった。

まず第一期の西棟の一階の車寄せに対するところに、イタリアでいわれるロジェを設けた。イタリアの多くの都市では、アーケードの下を市民が自由に使用できる「都市の部屋」とも称すべきロジェを設けているところが少なくない。TDUにおいても後部のイタリアンレストランの前面にロジェを設けた。［図15］で見るように付近の主婦たちがここで談笑しているときもあれば、学生たちが音楽の即興を行っていることもある。

また、東棟の広場では時として付近の保育所の先生に連れられた子供が丸柱に抱きついたり、広い空間で嬉々として遊んでいる光景を目にすることがある［図16］。東北棟の一、二階には図書コーナーがあるが、登録したものは誰もがこの図書コーナーを使うことができる。もちろん大学のカフェも、先ほどのロジェに面したギャラリーも貸出し自由であり、二階のホールもそうである。そして図書コーナーの北側には細長いグリーンゾーンが設けられ、そこのベンチは誰もが利用できる。つまり徹底して塀のないキャンパスなのである。そして中央の公道は祭事となれば車もストップさせて神輿が練り歩く。

足立区はほかの大学のキャンパスの誘致にも積極的で、新聞情報によれば現在東京で最も活気のある地区はここ北千住と赤羽であるという。こうした大学と地域がさまざまな機能、イベントなどをシェアすることで地域のアーバニティの拡大に寄与しているのだ。

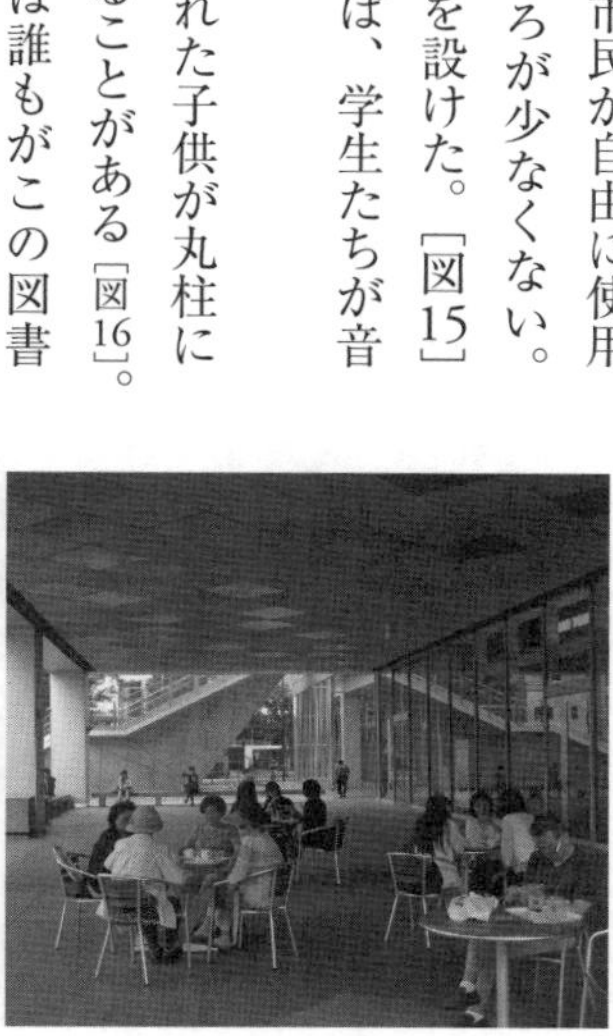
［図15］《東京電機大学北千住キャンパス》のロジェ風景

［図16］《東京電機大学北千住キャンパス》、広い空間で遊ぶ子供たち

孤独と小祝祭性

東京の複合ビル、《スパイラル》(一九八五年)は、完成してからすでに三〇年を超えている。複合ビルであるから若干の施設の変化、そしてテナントの移り変わりもこの三〇年間激しかった。その中で唯一その情景が変らないところがある。それは一階から三階に向かうゆるやかな我々が〝エスプラナード〟と称する青山通りに面する部分と、その通りに面して置かれた黒い数個の椅子に坐っている人々がつくりだす情景である。彼らのほとんどの者は眼下の青山通りを漠然と見たり、本を読んだりしている。孤独のひと時を愉しんでいるのだろうか[図17]。

私の好きな言葉にドイツの哲学者フレデリック・ニーチェの「孤独は私の故郷である」という言葉がある。パブリックの空間において、ある種の威厳をもって孤独を愉しむ姿を我々はたまに見かけることがある。それは「わたしの都市」のひと時を愉しむ姿でもある。

一方、《ヒルサイドテラス》の第六期のフォーラムというカフェは数年前までは食事も供していたが、そこに昼時に行くと一人の中老の男性が——ここは比較的空いたところであったので——いつも同じテーブルの前に坐り、まず四分の一ボトルの赤ワインとサンドイッチを注文する。そしてボトルを半分くらい空けたところでサンドイッチに手を伸ばし、そのほかコーヒーを愉しむ。いつ行っても

[図17]《スパイラル》のゆるやかな空間

同じ挙措を繰り返しているこの人は誰かとカフェの人に聞いたら、付近の教会の牧師さんだということであった。彼はじっと前面の旧山手通り沿いの人々の行き来を愉しんで見ているようであった［図18］。

ちょうどその頃、私はニーチェの言葉にある都市の孤独について短いエッセイを書かなければならなかったので、彼に頼んでその姿の写真を撮らせてもらった。彼の挙措は孤独とともに小さな儀式、小祝祭性を愉しんでいる様子であった。私の撮った写真と記事をのちに彼に送ったところ、大変歓んでくれたという。その後彼を見かけなかったので、その消息をカフェの人に聞いたら、最近亡くなったといわれた。孤独の中の数々の小さな儀式、それがその人自身の都市の一部分をつくりあげているのだ。そこでのルーティン、繰返しは自分の都市を確認するうえで、重要な仕事の一つなのではないだろうか。それがそれぞれの東京であり、ロンドンであり、パリなのだ。

第三章の最初に紹介した「私の都市―獲得する心象風景」の中で最後に述べたラバンの言葉をここでもう一度繰り返しておきたい。彼はいう。「われわれにとってもっと必要なことは、自己と都市―特にそのユニークな形態、プライヴァシイ、自由についての―との関係についてもっともっと創造的な評価と分析を行なうことではないか」と。

［図18］《ヒルサイドテラス》での静寂な孤独のひと時

いまここに挙げたいくつかのプロジェクトは、設計事務所五〇年のキャリアをもつ我々にとって、スケールも数もささやかなものである。しかし、インドの《ビハール美術館》の敷地はパトナのメインストリートに沿って約五〇〇メートルの長さの敷地に展開する施設で、我々は全体計画を一種のアーバンデザインとして捉えている。

また二〇一七年一二月に竣工した《深圳海上世界文化芸術中心》は全体計画を〈人民の丘〉として捉え、オープニングの日には七〇〇〇人の人がこの丘を訪れている。〈丘〉というコンセプトは、一種のアーバンデザインと考えてもよいだろう。

重要なことはこれらの試みが、少なくとも都市、特に東京のアーバニティを豊かにする社会性も有しているからだ。その方法は限りなくあってよい。そしてその数が多ければ多いほどよい。細粒都市のさまざまな環境の中で、多くの建築家、投資者、そしてさまざまな小さな試みを行いたいと思う人が必要なのである。

私は何か大きな考え方が都市を救うのでなく、限りなく、小さくてもよいアイディアの集積がその都市の豊かさを約束するのではないかと考えているからである。

アーバニズムとは a way of thinking なのだ。

人間の愛情と建築

我々はここで、人間の愛情がどのように建築のあり方に関係してくるかについてもう一度考慮する必要があると思われる。その場合、まず核となるものは当然自己愛である。自己愛はまず自己の存在に関わりあう関心から生まれる。よく知られている眺望と隠れ家という概念は、人間あるいは動物がいかに安全に獲物を襲う場所を得られるかという場所の特性を表している。

そして自己愛は近親愛、同朋愛へと発展していく。種族の生存をかけて。

かつて古代の遺跡から歯のない人骨が発見されたという。その頃歯がないということは死を意味した。おそらく誰かが食物を与え、生きながら得させたのではないかと推測される。とすれば、そこに心の発展から思いやりの意識が生まれ始めたのだと想像することができる。それは過去のＮＨＫの人類の歴史という番組を見ていて感じたことである。さらにその同朋愛が高じれば国民愛となり、たとえば国際オリンピック競技の存在理由となる。逆に愛情が憎悪に転ずれば戦争となる。

建築家にとって自己愛の空間に関わる表現の場として、パブリックのスペースにおける孤独と小さな祝祭性の愉しみを挙げたい。

それは我々のまわりで、祝祭性をもった行為がいたるところで行われていることを意味する。施設のマネージャーや建築家の想像をはるかに超えたかたちで、たとえば新郎新婦の祝宴は私の経験だけでも、《ヒルサイドウエスト》の中庭、《スパイラル》の屋上ガーデン、《三原市文化センター》のホワイエ［図19］、トロントの《アガ・カーンミュージアム》の中庭など、それは孤独を愉しむ場所と同様に人々が勝手に祝祭の場を決めて行動するだけの話である。

重要なことはそうした場所をつくるのではなく、人々がつねに小さな祝祭の場をパブリックスペースの中で求めているという事実なのである。こうした個人の孤独、祝祭の場を謳いあげる場所は、いうまでもなく個人の尊厳が存在するものでなければならない。

そうした一人の尊厳が守られている最も勝れた道空間の例として、イランの古都イスファハンにあるチャハルバーグ・ブールヴァードを挙げたい。イスファハンの中心部からさほど遠くないところにある幅一〇〇メートルのブールヴァードの両側は、普通の歩道とそれに接する市街地である。しかしこのブールヴァードの中央部に樹木に囲まれたもう一つの歩道空間が設けられている。少し周辺より高いこの歩道はそこを歩く人間に象徴性を与えている。ちょうど将棋盤の五筋のように。周辺の雑踏から離れて人々は静かにその空間をエンジョイする。

［図19］結婚披露宴にも利用される《三原市文化センター》のホワイエ

夕方になると仕事を終えた人も加わるがけっして一人の雰囲気は壊されない。河までの約二キロメートルの空間、私は何回もイスファハンを訪れるたびにここに来るが、そのアンビアンスはつねに同じである。もしかしたら、ここでは時に祝祭性のある行進も行われているかもしれない。孤独と祝祭性の可能性に満ちたブールヴァードである［図20］。

人間とは何か

日本の代表的な社会学者見田宗介［2］が先年、新聞紙上で興味深い見解を示している。それは知の世界において文学も社会学も多くの人為的な壁によってたがいに遮られてきた。したがって次の時代に必要なのはこれらを統合する人間学ではないかという。私見によれば、それは単に文学と社会学の世界だけでなく、経済学、人類学、心理学など、さまざまなかたちで分断されてきた知の領域の統合の必要性を示唆していると思う。そのとき建築学も都市学も、人間学の発展によって新しい展望が可能になるのではないか。そして人間愛についても、すでにその人間学に対する関心の兆候は現れ始めているのだ。

まず現象学に対する関心である。すでに一九九〇年頃から現象学への興味は、クリストファー・アレグザンダーを始め多くの建築家が示している。

［図20］孤独と祝祭性に満ちた道空間チャハルバーグ・ブールヴァード、イラン、一九五九年

2　一九三七–。東京大学名誉教授、専攻は現代社会論、比較社会学。社会の存立構造論やコミューン主義の立場から多くの著作を発表。真木悠介のペンネームでの著作も多い

現象学は人間の意識や経験の「現象」を考察するための手法として明確に定義されている。それはどのように我々が建築的環境を知覚し、理解し得るかに目標を定めている。そして建築が人の心を動かす体験は、すべて多感覚によるものであるとする。物質、空間及び大脳髄質は目、耳、鼻、皮膚、舌、骨および筋肉により測定されるのである。

『漂うモダニズム』において、一九七〇年代に近代建築がそのセオリーを失い始めたことはすでに指摘しているが、その頃逆に一九八〇年以降の認知科学の進歩によって、現在進化心理学や神経科学などの分野では、人が世界をどのように知覚し経験しているかについての根拠に基づいた説得力のあるモデルがつくられつつある。それが多くの建築家の注目を浴びつつあるバイオフィリック・デザイン（biophiric design）〔3〕なのである。

最近発刊されたマルグレイブ〔4〕の建築理論の最終章で彼が述べている言葉をそのまま引用させてもらえば次のようになる。

「建築は—建築理論がしばしばそうであるべきだとしてきたように高度に概念的な営みとはほど遠く—おそらく際立って感情と多感覚に基づく経験であり、組織化された生命体が自ら刺激を与える周辺世界に対して示す反応であると考えられる。音楽と同様、建築には感情的な反応を即座に引き出す能力があり、設計者がこのプロセスを深く理解できていればいるほどより優れた（長く維持される）

3　生命の建築。アメリカの植物学者が指摘した「自然とつながっていたい」という人間の本能に基づき、オフィスや日常空間に意識的に緑を取り込み生産性を上げる、安らぎを覚える場を創出する取組み

4　Mallgrave, Harry Francis、一九四七–。建築史家、イリノイ工科大学名誉教授。ゴットフリード・ゼンパーの研究により一九九七年アメリカ建築史家協会A・D・ヒッチコック賞受賞。引用元は、"An Introduction to Architectural Theory : 1968 to the Present" by Harry Francis Mallgrave and David Goodman, 2011（日本語版は『現代建築理論序説：一九六八年以降の系譜』、澤岡清秀 監訳、二〇一八年、鹿島出版会）

デザインになる」という。

神経科学者が、視覚的な複雑さや秩序、スケール、リズム、装飾といった建築の伝統的な課題や、そもそも神経学的に好ましい建築の比率があるかという永遠の課題にも光を当てられるかどうかは現時点ではまだ定かでないが……。

現在ＡＩの発展は人間の知力に挑戦している。それは人間とは何かという大きな課題にも必然的に触れてくる。そして見田宗介のいう人間学の一部を形成するに違いない。

ヒューマンな建築は、先述した自己愛を核とした人間愛と深く関わりあっている。ヒューマンな建築の外観のあり方という我々の宿題も、何かこうしたスタディから示唆を受けるものがあるかもしれない。

low criticality

我々はつねに設計の対象となった環境、多くの場合展開された空間においてさまざまな人間の行為によってある情景が展開することを期待する。多くの場合、予想した情景がその空間に生まれることを目撃したとき一種の満足感を覚えるものであるが、さらに異なった歓びを感じるのは、そこに予想しなかった情景が生まれるときであろう。それは建築空間は、精密な機械の部品と異なって low criticality にその本質が存在するからであろう。

私の限られた経験の中からでも数知れない多くの予想外の情景が生まれ、それは我々建築家に新たな歓びを与えてくれているのだ。《東京電機大学北千住キャンパス》の広場がときに近くの保育園の幼児たちの遊び場に供されているのもその好例の一つであろう。また、《三原市文化センター》のホワイエが静かな森の中で中庭をもったヒューマンなスケールの空間であるために、イベントのないときはこの森を訪れる市民の憩いの場、ときに小さな音楽会、市民の集まりに供されている[図21]。そこまでは何となく予想されていたが、何と結婚披露宴にも利用されることがあるとは！　全く予想しない驚きであった。空間とはそのはヒューマンな建築であることの一つのパラメーターであると考えてもよい。それはlow criticality のゆえに、そこに来る人々にさまざまな刺激を与え得るのだ。

しかし情景とはときに構想化することも可能なのだ。その好例が最近まで十数年間続いた代官山インスタレーションというイベントである。これは代官山という限られた地域の中に存在するさまざまな場所に応募者が自由にある情景を構築し、その優劣を競うゲームである。毎回多くの応募者の中から約一五点が選ばれ、実際に彼らが提案したものがそこに提示され、そこで優劣が判断されるのだ。私はたまたま当初から審査員を勤めていたために、その中でも最も印象的な作品を一つ紹介したい。それは代官山の八幡通りの近くにそれまであった旧い低層住

[図21]　市民の多様な愉しみの場
《三原市文化センター》ホワイエ

宅群が解体され、高層の住居に置き換えられた結果生まれた長さ一〇〇メートルの中央分離帯の真ん中に長いテーブルを置いた案である。人々は勝手に三々五々そこにおいてある椅子に腰かけて、自由なひと時を過ごすことができる。何か茶菓子を持ってきてもよい［図22］。

私はかつてフェデリコ・フェリーニによる「フェリーニ・ローマ」という映画を見たことがある。そこではローマのさまざまな場所で、人々が濃密なひと時を過ごす光景が次々と現れる。彼がこのインスタレーションを見れば、長いテーブルをヴェネチアの仮面舞踏会の光景に見立てて演出するのではなかろうか。まさにフェリーニ好みの素晴らしい作品なのである。しかしまた、情景とは全くつくるという行為者なしに生まれるものなのだ。

日本には仲を引き裂かれた二人の男女が星となり、一年に一度七月七日に天の川をはさんで会うことができるという詩情に富んだ伝説がある。そしてその日を七夕の祭りとしての祝いが各地で行われる。岩手県陸前高田市は三・一一の津波によって甚大な被害を受けた町の一つであり、一二台あった山車のうち二台だけが残された。その二台を修理し、ひと月遅れの八月六日に荒涼たる市街地を背景に二台の山車で七夕祭りを祝うことになった。この写真を通して我々は過去＝記憶、現在＝現実、未来＝希望という一連の時間がもつ意味を最も象徴的に表していることを知る。おそらくこのシーンを見たら、フェデリコ・フェリーニは歓び

［図22］道路の中央分離帯に設けられたくつろぎのスペース。《代官山リビング》、セカンドリビング研究会、代官山インスタレーション、二〇〇五年　写真＝野口浩史

よりもむしろ慟哭に陥ったのではないだろうか［図23］。

このように我々の都市には際限のない情景が秘められているのだ。それを感じ、探し出すことはヒューマンな建築を目指す建築家にとって新しい希望を与える契機になるのではないだろうか。

建築をいかに評価するか

産業革命に端を発する近代まで、地域に根差したいわゆるバナキュラーな建築と、より普遍的な富と権力を誇示する様式建築が我々の建築世界を支配してきた。

しかし新しい建築の機能、そして生活意識の誕生によって、こうした二次元的建築世界は近世において次第に崩壊していった。その結果生まれた近代建築はその建築の主義、思想、目標がよりダイナミックなものとなり、例のインターナショナル展に象徴されるような新しい様式、いわゆる普遍性をもった建築としての認識を獲得したかに見えた。しかしその表現様式は過去の様式や形式よりも、はるかに多岐にわたり、それぞれに社会が納得する説明が要求された。いうまでもなく、我々が二〇世紀の近代建築の巨匠と見なすル・コルビュジエ、ミース・ファン・デル・ローエ、アルヴァ・アールト、フランク・ロイド・ライトの作品群を見てもその多岐性は明らかである。しかしこうした複数のアイディア、思想のそ

［図23］七夕祭りを祝う夕暮れ時の二台の山車、陸前高田市

れぞれの発展を許容しないモダニズムは、巨大なインフォメーションセンター化していったことは『漂うモダニズム』において指摘している通りである。

一方、グローバリゼーションはいわゆるネオリベラリズムとコモナリティの相克現象を世界中のいたるところで発生させているのが現在である。しかしこうした複雑化・単純化の現象が発生しながらも、我々は毎日のように建築の生産を続けている。こうした中で何がそれぞれの建築―多くの場合、単体の建築―の基準となっているのか？　何を勝れたもの、劣るものとするのか、それすらはっきりしないのが現状である。

かつて勝れた様式建築の評価にはそれなりの評価基準として、たとえばスケール感、素材の表現などによってその優劣が与えられた。一方初期のモダニズムにおいては新しい空間組織のあり方、表現の革新性、ディテールの濃密性などと、その背後にある思想の深さがおもんばかられながら評価されてきたといってよい。

しかし現在はどうであろうか。少なくとも与えられた空間の使いやすさ、親しみやすさなどは一般の人々にも評価されやすい。しかし建築の外観の評価は空間経験ほど直接的な経験がもたらすものではない。そして奇異な新しさをセールスポイントにする建築が世の中に充満している。時が建築の最終審判者であるとすれば、それぞれ審判の時を待たなければならないのだろうか。

我々は建築の姿に評価を与える基準をもう一度つくる側から模索しなければならないのかもしれない。

Association

アソシエーションという言葉がある。その意味は多岐にわたるがここで取り上げるのは関係性である。建築のデザインに特に深く関わりあうのは人、場所、時であろう。さまざまな人との出会い、投資者、ユーザー、社会全般に現れる人間はもちろんのこと、我々はすでに空間のあり方に立ち現れる人間の様態について、またその様態から考えられる空間のあり方については、多くの記述を行ってきた。一方、時は建築家にとって経験と記憶の宝庫である。

経験についてはいまさらいうまでもないが、記憶はそれがどんなに旧いものであっても突然現れ、それがそれぞれの建築の現在の思考に大きなインパクトを与えることは誰もが経験することである。

それでは場所はどうであろうか。この場合の場所とは建築そのものが建てられる敷地とその隣接する周縁の情報の特性、さらに広域の周辺の情況まで含めて考えなければならないケースもある。

建築設計において最も強く拘束されるのは敷地の形状、大きさ、周縁との関係性はいうまでもないが、建築をそこに建てるということはその建築にアイデンティティを与えることであり、それが外からの見え方、あり方と密接に関与してくるのはいうまでもない。

私はその建築にアイデンティティを与える一つのあり方は、その領域に対する適切な associative image の創造ではないかと思う。その一つの例として名大のキャンパスの《豊田講堂》について少し述べてみたいと思う。

我々が与えられた講堂は広いオープンスペースを前面に、後背に小高い自然の丘があるというそれだけのものであった。まず広いオープンスペースは明確な広場として、そしてそのエンドにまたがる《豊田講堂》は単なる凝塊でなく、両翼のオープンスペースによって背後の丘と自然とつながるものとした。そしてこの両翼のオープンスペースから講堂に入るという形式によって、よくある凝塊としての講堂のイメージを避ける思いがあった。結果としてこの《豊田講堂》は、現在も名大キャンパスの中で最も象徴的な存在として愛され、利用されている［図24］。

このように建築の associative image は与えられた場所がもつ特性から誘発されるものも多いが、その建築の特性から誘発される associative image ももちろん存在する。その好例がアルド・ヴァン・アイクの《アムステルダムの孤児院》［図25］であり、本章「New Humanism とは何か」で紹介した手塚貴晴の《ふじ

［図24］緑豊かな背後の丘とのつながりを意図した《名古屋大学豊田講堂》、一九六〇年、二〇〇七年改修

ようちえん》（193頁図8参照）である。前者は、子供を引き付ける内向性のある小空間と眼前に広がる外向性のある空間の巧みな結合によって独創性のある全体像をつくりだしている。一方《ふじようちえん》では、ドーナッツ状の形態の屋上では子供にとって小宇宙を思わせる魅力ある空間を展開し、閉ざされた同じ円弧のオープンスペースをグランドフロアーをもつという二つの円弧の空間によって形成されている。

この二つの例とも子供がもつ空間意識を巧みに用い、創造的な形態＝空間をつくりだしている。《豊田講堂》のような与えられた場所の image から誘発されたものでなく、この二つはどこに建てても成立する普遍性を有しているといえる。

しかしこの三つのプロジェクトにおいて指摘される特性は、建築をかたちづくるうえにおける associative image の存在の主要性であり、それぞれの建築家のもつ人、場所、時に対する思考の深さが直接 image の強さと関係性を示す例として考えられよう。

建築家の image はけっして無から生ずるものではない。我々は歴史的に三層構成の建築を多くつくってきた。基部は地面に接し、頂部は空と接する。そしてその間に胴部があるという形式である。ル・コルビュジエの《サヴォア邸》は、モダニズムの言語を駆使した当時としては最もラディカルな三層構成であるといってよいであろう。

［図25］《アムステルダムの孤児院》、アルド・ヴァン・アイク、オランダ、一九六〇年

ヒューマンな空間構成はそれなりに達成することはできても、ヒューマンな外観をつくる法則はない。なぜなら、そこにはこうすればよいという原理は存在しないからだ。しかし、たとえば日本で人間の姿を喩えて、あの人の姿はいいとか、悪いとか、あるいは後姿がいいといったりする。これは全体の顔、肩、胴まわり、足のプロポーションがいいということを示している。しかし、プロポーションがいいということは必ずしもヒューマンであるとはいえないのである。我々はさらにヒューマンな外観は何かという課題に挑戦しなければならないのではないか。

無償の愛

数年前、マドリッドの友人を訪ねたとき、夕暮れ時に彼は私を市の中心部にあるサンティエゴ広場に連れていってくれた。その広場に面するオペラハウスの壁面に取り付けられた小さなスクリーンを見つめる群衆がそこにあった［図26］。友人に皆が何を見ているのか聞くと、オペラハウスで上演中のヴェルディのオペラで、ドミンゴが唄っているのに聴きいっているのだと教えてくれた。ドミンゴの唄をタダで聴けるのか、そう思った私は、瞬時に日本語の「無償の愛」という言葉を想い出した。

無償の愛は英語では'unconditional love'という。この概念は聖書にもたび

［図26］　夕暮れ時のサンティエゴ広場でオペラを愉しむ群衆、スペイン

たび現れるという。私はここで文化の本質は無償の愛にあるのではないかと感じた。アテネのパナティナイコ競技場の半分は広場に向かって開かれている。ドミンゴの唄と同じで、フリーで競技が見られてもかまわないのだ。当然我々建築家に与えられたプログラムは、施主の要求する有償の愛である場合が多い。その与えられた条件の中からいかに無償の愛に近づけるかが、建築家に与えられた社会的責任なのではないかと思う。それがヒューマニズムの建築、ヒューマニズムのアーバニズムの目的なのではないだろうか。

あとがき

いまから半世紀前に行った川添登氏との対談『現代建築。都市空間の原点を求めて』で、私はすでに自分なりのヒューマニズムへの関心を示している。そしてそれから三五年経った二〇〇六年、私は『新建築』誌上の「漂うモダニズム」で大海原に投げ出された一人ひとりの建築家にとって、もしもうねりがあるとすればその一つは共感に基づくヒューマニズムではないかと指摘している。そしてこの本の最終章でもいくつかの例をあげて、アーバニズムに未来があるとすれば、それはヒューマニズムの建築、都市観に基づくものであるであろうと考えている。このように過去半世紀以上、ヒューマニズムの建築、都市観は私の建築家としての生涯の中で、つくる、書くという建築家活動の一貫した核であったことは鮮明である。

しかし、私が述べている「共感のヒューマニズム」が、グローバルに一つのガイドラインになるためにはまだ不完全、不充分であることは論をまたない。

しかし、それが基本的には人間の意志、欲望、振舞いと深く関わりあっていることが自明である以上、国際的な協力、「皆のパタン・ランゲージ」の作成もそうした国際的活動の一環として有効であろう。

一方、都市ではかつての安定した住みわけの時代が終焉し、流体化が進行していることを指摘しているが、無意味な流体化を阻止し─これには政治、社会的配慮が必要であるが─、流体化の中でいかに小さくても安定化した領域の形成があらゆる地域社会においても必要であることが明白であり、あらためて地域ごとの下からのミニプランニングの必要性も指摘している。

一方、建築家たちはそれぞれが最善とする手法において、こうしたいくつかの課題に挑戦しなければならないであろう。私はかつて前世紀末、正確には『新建築』二〇〇〇年一月号で磯崎新氏とこれからの建築家の生態についてディスカッションを行っている。すでにベルリンの壁は崩壊し、ソヴィエト連邦はなくなり、ネオリベラリズムの台頭への予感、建築設計作業が無数の特殊コンサルタント作業に解体されつつあることへの危惧など、おたがいに共感するところは多かったが、彼と私の建築観とでは基本的に異なるものがあることを発見した。それはひと言でいうならば時代観といってよい。彼の場合、彼の建築家として出発の頃から強い時代に対する意識をもっていた。そのときどきの時代を象徴するものとして廃墟、国家、その国家の象徴としての建築家丹下健三、あるいはポストモダニズム……、彼の言説はそれぞれの時代の象徴である。彼は建築家を超えて評論家としても一躍時代の寵児となったのである。
私ももちろん時代に興味と関心をもっていた。しかし彼ほどではなかった。むしろ時代を超えた建築家の生態に関心があった。それをよく表しているのが、この対談の中で取り上げている前川國男についてである。私はここで前川のもっている建築に対する強い倫理観を取り上げている。しかし彼は私ほどの興味は示さなかった。

私がここで取り上げている人間とヒューマニズム、あるいは建築家の倫理観は時代を超えたものである。私は第二章の最後でdecencyという言葉を好むといっているが、社会的に見苦しくない振舞いという意味でdecencyという言葉を取り上げている。それは建築家としての倫理観にもつながるものである。

それはアーバニズムとどうつながるのだろうか。
私はかつて中津市に新しい葬祭場と公園を設計した［図1］。この施設が完成したのち、中津市を訪れた私に、見知らぬ人々から異口同音に「これで私たちは平和に死ねます」と歓ばれた。これは私の長い建築家人生の中で受けた最大の賛辞であった。

また、ニューヨークの《4WTC》（4ワールド・トレード・センター）［図2］が完成した二〇一五年に、そこを訪れた私に対し多くのこれも見知らぬ人からのコメントの中で、ある中年の女性がこの建物はそのミラーイフェクトによって美

［図1］《風の丘葬祭場》、大分県・中津市、一九九七年　写真＝Nacasa & Partners

しいニューヨークのシルエットを写すだけでなく、ここで亡くなった三〇〇〇人の魂をも写し出しているようだといった。《風の丘葬祭場》に対するコメントと同様に、全く建築家でない人の素晴らしいコメントは私にとって貴重なものであった。

こうしたコメントから浮かび上がってくる人々は、何を求めているのかという課題を私自身のアーバニズムにつねに生かしていきたいと思う。

私は比較的健康に恵まれているので、いまでも毎日事務所に通っている。しかし五〇代、六〇代のように、何か無限の未来に向かって事をなしているという感覚はない。どこまで続けられるかという感覚である。もちろん、つくるほうも何ができてくるかわからない。しかし東京のプロジェクトであれば、長く知っているこのまちの中から具体的にデザインの文脈を紡ぎ出していくことは私自身建築家として無上の歓びであり、チャレンジでもあるのだ。現在、東京で大は超高層のツインタワーから小はパブリックトイレ、そしてその間のさまざまなスケールのプロジェクトに向かいあっている。

書くほうはどうか。『アーバニズムのいま』のあと、もしも何かあるとすればそれは私の愛する東京の中のごく一断面に関する所感でもあるかもしれない。考えてみると私の最初の試みは、共著であるが鹿島出版会から出版された『見え

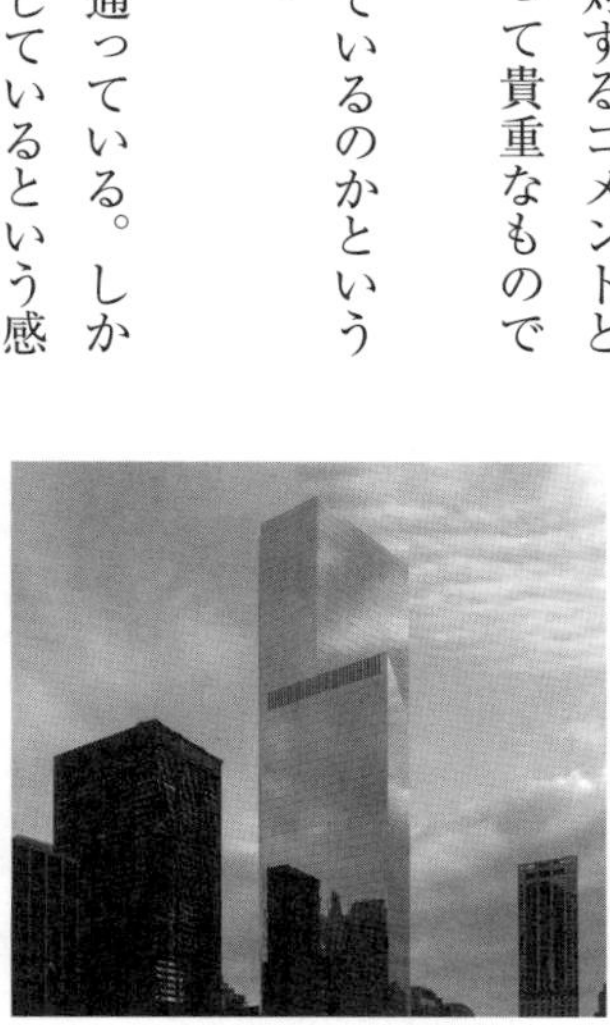

［図2］《4WTC》、ニューヨーク、二〇一五年　写真＝SPI

がくれする都市』という東京の過去／現在のモーフォロジィカルな分析であった。その後、半世紀にわたって鹿島出版会の方々からつねに好意的な協力を得てきたことは私にとって大きな歓びである。特に鹿島出版会の相川幸二氏からこの本ではさまざまな協力を得てきた。ここであらためて感謝の意を述べておきたい。

二〇二〇年初春

［図版出典］

・SD 一九八五年八月号、鹿島出版会
・SD 選書『見えがくれする都市』、槇文彦他：著、一九八〇年、鹿島出版会
・『日本の都市から学ぶこと』、バリー・シェルトン：著、片木篤：訳、二〇一四年、鹿島出版会
・『ヒルサイドテラス＋ウエストの世界』、槇文彦：編著、二〇〇六年、鹿島出版会
・SD 一九八〇年一月号、鹿島出版会
・SD 一九九六年四月号、鹿島出版会
・japan-architects.com
・『図説・都市の世界史Ⅰ』、レオナルド・ベネーヴォロ：著、佐野敬彦・林寛治：訳、一九八三年、相模書房
・JIA MAGAZINE 301 2014

［初出］

三章
・私の都市―獲得する心象風景――『展望』一九七六年三月
・近代化と都市の変貌――「多層系都市の発展―江戸‐東京の変貌の中で」『都市計画』一九八七年四月

本書では、右記以外で既発表エッセイを加筆・訂正し再構成したものも含まれています。

［著者］

槇 文彦（まき・ふみひこ）

一九二八年東京生まれ。東京大学工学部建築学科卒業。ハーバード大学大学院修士課程修了。ワシントン大学、ハーバード大学准教授、東京大学工学部建築学科教授を経て、槇総合計画事務所設立。プリツカー賞、高松宮殿下記念世界文化賞、日本建築学会賞、日本芸術大賞、日本建築学会大賞、文化功労者など多数受賞。主な著・訳書に『コミュニタス』（共訳）彰国社、『都市空間の原点』（共著）筑摩書房、『ヒルサイドテラス＋ウエストの世界』（編著）鹿島出版会、『漂うモダニズム』左右社、『槇文彦＋槇総合計画事務所二〇一五』（編著）鹿島出版会、『Recent Work Fumihiko Maki』（編著）、『アナザーユートピア』（共編著）ＮＴＴ出版、他。

SD選書 271

アーバニズムのいま

二〇二〇年五月二〇日　第一刷発行

著　者　槇《まき》 文彦《ふみひこ》

発行者　坪内文生

発行所　鹿島出版会

〒一〇四―〇〇二八　東京都中央区八重洲二―五―一四

電話 〇三（六二〇二）五二〇〇

振替 〇〇一六〇―二―一八〇八八三

印刷・製本　三美印刷

ISBN 978-4-306-05271-0 C1352

URL: http://www.kajima-publishing.co.jp

e-mail: info@kajima-publishing.co.jp

SD選書目録

四六判（*＝品切）

001 現代デザイン入門 勝見勝著
002* 現代建築12章 L・カーン他著 山本学治訳編
003* 都市とデザイン 栗田勇著
004* 江戸と江戸城 内藤昌著
005 日本デザイン論 伊藤ていじ著
006* ギリシア神話と壺絵 沢柳大五郎著
007 フランク・ロイド・ライト 谷川正己著
008 きもの文化史 河鰭実英著
009 素材と造形の歴史 山本学治著
010* 今日の装飾芸術 ル・コルビュジエ著 前川国男訳
011 コミュニティとプライバシイ C・アレグザンダー著 岡田新一訳
012* 新桂離宮論 内藤昌著
013 日本の工匠 伊藤ていじ著
014 現代絵画の解剖 木村重信著
015 ユルバニスム ル・コルビュジエ著 樋口清訳
016* デザインと心理学 穐山貞登著
017 私と日本建築 A・レーモンド著 三沢浩訳
018* 現代建築を創る人々 神代雄一郎編
019 芸術空間の系譜 高階秀爾著
020 日本美の特質 吉村貞司著
021 建築をめざして ル・コルビュジエ著 吉阪隆正訳
022* メガロポリス J・ゴットマン著 木内信蔵訳
023 日本の庭園 田中正大著
024* 明日の演劇空間 尾崎宏次著
025 都市形成の歴史 A・コーン著 星野芳久訳
026* 近代絵画 A・オザンファン他著 吉川逸治訳
027 イタリアの美術 A・ブラント著 中森義宗訳
028* 明日の田園都市 E・ハワード著 長素連訳
029* 移動空間論 川添登著
030* 日本の近世住宅 平井聖著
031* 新しい都市交通 B・リチャーズ著 曽根幸一他訳
032* 人間環境の未来像 W・R・イーウォルド編 磯村英一他訳
033 輝く都市 ル・コルビュジエ著 坂倉準三訳
034 アルヴァ・アアルト 武藤章著
035* 幻想の建築 坂崎乙郎著
036* カテドラルを建てた人びと J・ジャンペル著 飯田喜四郎訳
037 日本建築の空間 井上充夫著
038* 環境開発論 浅田孝著
039* 都市と娯楽 加藤秀俊著
040* 郊外都市論 H・カーヴァー著 志水英樹訳
041* 都市文明の源流と系譜 藤岡謙二郎著
042* 道具考 榮久庵憲司著
043 ヨーロッパの造園 岡崎文彬著
044* 未来の交通 H・ヘルマン著 岡寿麿訳
045* 古代技術 H・ディールス著 平田寛訳
046* キュビスムへの道 D・H・カーンワイラー著 千足伸行訳
047* 近代建築再考 藤井正一郎著
048* 古代科学 J・L・ハイベルク著 平田寛訳
049 住宅論 篠原一男著
050* ヨーロッパの住宅建築 S・カンタクシーノ著 山下和正訳
051* 都市の魅力 清水馨八郎、服部銈二郎著
052* 東照宮 大河直躬著
053 茶匠と建築 中村昌生著
054* 住居空間の人類学 石毛直道著
055* 空間の生命 人間と建築 坂崎乙郎著
056* 環境とデザイン G・エクボ著 久保貞訳
057* 日本美の意匠 水尾比呂志著
058* 新しい都市の人間像 R・イールズ他編 木内信蔵監訳
059 京の町家 島村昇他編
060* 都市問題とは何か R・パーノン著 片桐達夫訳
061 住まいの原型I 泉靖一編
062* コミュニティ計画の系譜 佐々木宏著
063* 近代建築 V・スカーリー著 長尾重武訳
064* SD海外建築情報I 岡田新一編
065* SD海外建築情報II 岡田新一編
066* 天上の館 J・サマーソン著 鈴木博之訳
067 木の文化 小原二郎著
068* SD海外建築情報III 岡田新一編
069* 地域・環境・計画 水谷穎介著
070* 都市虚構論 池田亮二著
071 現代建築事典 W・ペーント編 浜口隆一他日本語版監修
072* ヴィラール・ド・オヌクールの画帖 藤本康雄著
073* タウンスケープ T・シャープ著 長素連他訳
074* 現代建築の源流と動向 L・ヒルベルザイマー著 渡辺明次訳
075* 部族社会の芸術家 M・W・スミス編 木村重信他訳
076 キモノ・マインド B・ルドフスキー著 新庄哲夫訳
077 住まいの原型II 吉阪隆正他著
078 実存・空間・建築 C・ノルベルグ＝シュルツ著 加藤邦男訳
079* SD海外建築情報IV 岡田新一編
080* 都市の開発と保存 上田篤、鳴海邦碩編
081* 爆発するメトロポリス W・H・ホワイトJr.他著 小島将志訳
082* アメリカの建築とアーバニズム(上) V・スカーリー著 香山壽夫訳
083* アメリカの建築とアーバニズム(下) V・スカーリー著 香山壽夫訳
084* 海上都市 菊竹清訓著
085* アーバン・ゲーム M・ケンツレン著 北原理雄訳
086* 建築2000 C・ジェンクス著 工藤国雄訳
087* 日本の公園 田中正大著
088* 現代芸術の冒険 O・ビハリメリン著 坂崎乙郎他訳

089* 江戸建築と本途帳　西和夫著
090* 大きな都市小さな部屋　渡辺武信著
091* イギリス建築の新傾向　R・ランダウ著　鈴木博之訳
092* SD海外建築情報V　岡田新一編
093* IDの世界　豊口協著
094* 交通圏の発見　有末武夫著
095 建築とは何か　B・タウト著　篠田英雄訳
096 続住宅論　篠原一男著
097* 建築の現在　長谷川堯著
098* 都市の景観　G・カレン著　北原理雄訳
099* SD海外建築情報VI　岡田新一編
100* 都市空間と建築　U・コンラーツ著　伊藤哲夫訳
101* 環境ゲーム　T・クロスビイ著　松平誠訳
102* アテネ憲章　ル・コルビュジエ著　吉阪隆正訳
103* プライド・オブ・プレイス　シヴィック・トラスト著　井手久登他訳
104* 構造と空間の感覚　F・ウイルソン著　山本学治他訳
105* 現代民家と住環境体　大野勝彦著
106* 光の死　H・ゼーデルマイヤ著　森洋子訳
107* アメリカ建築の新方向　R・スターン著　鈴木一訳
108* 近代都市計画の起源　L・ベネヴォロ著　横山正訳
109* 中国の住宅　劉敦楨著　田中淡他訳
110* 現代のコートハウス　D・マッキントッシュ著　北原理雄訳
111 モデュロールI　ル・コルビュジエ著　吉阪隆正訳
112 モデュロールII　ル・コルビュジエ著　吉阪隆正訳
113* 建築の史的原型を探る　B・ゼーヴィ著　鈴木美治訳
114 西欧の芸術1 ロマネスク上　H・フォシヨン著　神沢栄三他訳
115 西欧の芸術1 ロマネスク下　H・フォシヨン著　神沢栄三他訳
116 西欧の芸術2 ゴシック上　H・フォシヨン著　神沢栄三他訳
117 西欧の芸術2 ゴシック下　H・フォシヨン著　神沢栄三他訳
118* アメリカ大都市の死と生　J・ジェイコブス著　黒川紀章訳
119* 遊び場の計画　R・ダットナー著　神谷五男他訳
120 人間の家　ル・コルビュジエ他著　西沢信弥訳

121* 街路の意味　竹山実著
122* パルテノンの建築家たち　R・カーペンター著　松島道也訳
123 ライトと日本　谷川正己著
124 空間としての建築(上)　B・ゼーヴィ著　栗田勇訳
125 空間としての建築(下)　B・ゼーヴィ著　栗田勇訳
126 かいわい[日本の都市空間]　材野博司著
127* 歩行者革命　S・プライネス他著　岡並木監訳
128 オレゴン大学の実験　C・アレグザンダー著　宮本雅明訳
129* 都市はふるさとか　F・レンツローマイス著　武基雄他訳
130* 建築空間[尺度について]　P・ブドン著　中村貴志訳
131* アメリカ住宅論　V・スカーリーJr.著　長尾重武訳
132* タリアセンへの道　谷川正己著
133* 建築VS.ハウジング　M・ポウリー著　山下和正訳
134* 思想としての建築　栗田勇著
135* 人間のための都市　P・ペータース著　河合正一訳
136* 都市憲章　磯村英一著
137* 巨匠たちの時代　R・バンハム著　山下泉訳
138 三つの人間機構　ル・コルビュジエ著　山口知之訳
139 インターナショナル・スタイル　H・R・ヒッチコック他著　武沢秀一訳
140 北欧の建築　S・E・ラスムッセン著　吉田鉄郎訳
141* 続建築とは何か　B・タウト著　篠田英雄訳
142* 四つの交通路　ル・コルビュジエ著　井田安弘訳
143 ラスベガス　R・ヴェンチューリ他著　石井和紘他訳
144 ル・コルビュジエ　C・ジェンクス著　佐々木宏訳
145* デザインの認識　R・ソマー著　加藤常雄訳
146* 鏡[虚構の空間]　由水常雄著
147 イタリア都市再生の論理　陣内秀信著
148 東方への旅　ル・コルビュジエ著　石井勉他訳
149 建築鑑賞入門　W・W・コーディル他著　六鹿正治訳
150* 近代建築の失敗　P・ブレイク著　星野郁美訳
151* 文化財と建築史　関野克著
152* 日本の近代建築(上)その成立過程　稲垣栄三著

153* 日本の近代建築(下)その成立過程　稲垣栄三著
154 住宅と宮殿　ル・コルビュジエ著　井田安弘訳
155* イタリアの現代建築　V・グレゴッティ著　松井宏方訳
156 バウハウス[その建築造形理念]　杉本俊多著
157 エスプリ・ヌーヴォー[近代建築名鑑]　ル・コルビュジエ著　山口知之訳
158* 建築について(上)　F・L・ライト著　谷川睦子他訳
159* 建築について(下)　F・L・ライト著　谷川睦子他訳
160* 建築形態のダイナミクス(上)　R・アルンハイム著　乾正雄訳
161* 建築形態のダイナミクス(下)　R・アルンハイム著　乾正雄訳
162 見えがくれする都市　槇文彦他著
163* 街の景観　G・バーク著　長素連他訳
164* 環境計画論　田村明著
165* アドルフ・ロース　伊藤哲夫著
166* 空間と情緒　箱崎総一著
167 水空間の演出　鈴木信宏著
168* モラリティと建築　D・ワトキン著　榎本弘之訳
169* ペルシア建築　A・U・ポープ著　石井昭訳
170* ブルネッレスキ ルネサンス建築の開花　G・C・アルガン著　浅井朋子訳
171 装置としての都市　月尾嘉男著
172 建築家の発想　石井和紘著
173 日本の空間構造　吉村貞司著
174 建築の多様性と対立性　R・ヴェンチューリ著　伊藤公文訳
175 広場の造形　C・ジッテ著　大石敏雄訳
176 西洋建築様式史(上)　F・バウムガルト著　杉本俊多訳
177 西洋建築様式史(下)　F・バウムガルト著　杉本俊多訳
178 木のこころ 木匠回想記　G・ナカシマ著　神代雄一郎他訳
179* 風土に生きる建築　若山滋著
180* 金沢の町家　島村昇著
181* ジュゼッペ・テッラーニ　B・ゼーヴィ編　鵜沢隆訳
182* 水のデザイン　D・ベーミングハウス著　鈴木信宏訳
183* ゴシック建築の構造　R・マーク著　飯田喜四郎訳
184 建築家なしの建築　B・ルドフスキー著　渡辺武信訳

185 プレシジョン(上) ル・コルビュジエ著 井田安弘他訳
186 プレシジョン(下) ル・コルビュジエ著 井田安弘他訳
187* オットー・ワーグナー H・ゲレツェッガー他著 伊藤哲夫他訳
188* 環境照明のデザイン 石井幹子著
189 ルイス・マンフォード 木原武一著
190 「いえ」と「まち」 鈴木成文他著
191 アルド・ロッシ自伝 A・ロッシ著 三宅理一訳
192* 屋外彫刻 M・A・ロビネット著 千葉成夫訳
193 「作庭記」からみた造園 飛田範夫著
194* トーネット曲木家具 K・マンク著 宿輪吉之典訳
195 劇場の構図 清水裕之著
196 オーギュスト・ペレ 吉田鋼市著
197 アントニオ・ガウディ 鳥居徳敏著
198 インテリアデザインとは何か 三輪正弘著
199* 都市住居の空間構成 東孝光著
200 ヴェネツィア 陣内秀信著
201 自然な構造体 F・オットー著 岩村和夫訳
202 椅子のデザイン小史 大廣保行著
203* 都市の道具 GK研究所、榮久庵祥二著
204 ミース・ファン・デル・ローエ D・スペース著 平野哲行訳
205 表現主義の建築(上) W・ペーント著 長谷川章訳
206* 表現主義の建築(下) W・ペーント著 長谷川章訳
207 カルロ・スカルパ A・F・マルチャノ著 浜口オサミ訳
208* 都市の街割 材野博司著
209 日本の伝統工具 土田一郎著 秋山実写真
210 まちづくりの新しい理論 C・アレグザンダー他著 難波和彦監訳
211* 建築環境論 岩村和夫著
212* 建築計画の展開 W・M・ペニヤ著 本田邦夫訳
213 スペイン建築の特質 F・チュエッカ著 鳥居徳敏訳
214* アメリカ建築の巨匠たち P・ブレイク他著 小林克弘他訳
215* 行動・文化とデザイン 清水忠男著
216 環境デザインの思想 三輪正弘著

217 ボッロミーニ G・C・アルガン著 長谷川正允訳
218 ヴィオレ・ル・デュク 羽生修二著
219 トニー・ガルニエ 吉田鋼市著
220 住環境の都市形態 P・パヌレ他著 佐藤方俊訳
221 古典建築の失われた意味 G・ハーシー著 白井秀和訳
222 パラディオへの招待 長尾重武著
223* ディスプレイデザイン 魚成祥一郎監修 清家清序文
224 芸術としての建築 S・アバークロンビー著 白井秀和訳
225 フラクタル造形 三井秀樹著
226 ウイリアム・モリス 藤田治彦著
227 エーロ・サーリネン 穂積信夫著
228 都市デザインの系譜 相田武文、土屋和男著
229 サウンドスケープ 鳥越けい子著
230 風景のコスモロジー 吉村元男著
231 庭園から都市へ 材野博司著
232 都市・住宅論 東孝光著
233 ふれあい空間のデザイン 清水忠男著
234 さあ横になって食べよう B・ルドフスキー著 多田道太郎監修
235 間(ま)——日本建築の意匠 神代雄一郎著
236 都市デザイン J・バーネット著 兼田敏之訳
237 建築家・吉田鉄郎の『日本の住宅』 吉田鉄郎著
238 建築家・吉田鉄郎の『日本の建築』 吉田鉄郎著
239 建築家・吉田鉄郎の『日本の庭園』 吉田鉄郎著
240 建築史の基礎概念 P・フランクル著 香山壽夫監訳
241 アーツ・アンド・クラフツの建築 片木篤著
242 ミース再考 K・フランプトン他著 澤村明+EAT訳
243 歴史と風土の中で 山本学治建築論集①
244 造型と構造と 山本学治建築論集②
245 創造するこころ 山本学治建築論集③
246 アントニン・レーモンドの建築 三沢浩著
247 神殿か獄舎か 長谷川堯著
248 ルイス・カーン建築論集 ルイス・カーン著 前田忠直編訳

249 映画に見る近代建築 D・アルブレヒト著 萩正勝訳
250 様式の上にあれ 村野藤吾著作選
251 コラージュ・シティ C・ロウ、F・コッター著 渡辺真理著
252 記憶に残る場所 D・リンドン、C・W・ムーア著 有岡孝訳
253 エスノ・アーキテクチュア 太田邦夫著
254 時間の中の都市 K・リンチ著 東京大学大谷幸夫研究室訳
255 建築十字軍 ル・コルビュジエ著 井田安弘訳
256 機能主義理論の系譜 E・R・デ・ザーコ著 山本学治他訳
257 都市の原理 J・ジェイコブズ著 中江利忠他訳
258 建物のあいだのアクティビティ J・ゲール著 北原理雄訳
259 人間主義の建築 G・スコット著 邉見浩久、坂牛卓監訳
260 環境としての建築 R・バンハム著 堀江悟郎訳
261 パタン・ランゲージによる住宅の生産 C・アレグザンダー他著 中埜博監訳
262 褐色の三十年 L・マンフォード著 富岡義人訳
263 形の合成に関するノート/都市はツリーではない C・アレグザンダー著 稲葉武司、押野見邦英訳
264 建築美の世界 井上充夫著
265 劇場空間の源流 本杉省三著
266 日本の近代住宅 内田青藏著
267 個室の計画学 黒沢隆著
268 メタル建築史 難波和彦著
269 丹下健三と都市 豊川斎赫著
270 時のかたち G・クブラー著 中谷礼仁他訳
271 アーバニズムのいま 槇文彦著